Namibia

Afrikas lebendige Wüste

Mark Müller

Vista Point
Living Colors

Für Yvonne Camenzind und meine Eltern, Gillian und Karl Müller.

Mit 125 Farbbilder und 8 Karten.

Chlorfreies Papier.

Umschlag: In der Einsamkeit einer Ebene in Afrikas lebendiger Wüste erwartet ein Oryx den neuen Tag.
Erste Seite: Einige Oryx überqueren die mehrere hundert Meter hohen Sterndünen bei Sossusvlei.
Vorherige Doppelseite: Steppenzebras kommen zum Trinken an die Fisher Pan im Etosha-Nationalpark.
Links: Seit Jahrmillionen von Jahren formen Wind und Sand die älteste Wüste der Erde - die Namib.
Inhalt: Strauße im Etosha-Nationalpark.
Vorwort: Das vulkanische Gestein der Spitzkopje leuchtet im Abendrot.
Folgende Doppelseite: Auf einem Köcherbaum genießt eine Grille die letzten Sonnenstrahlen.

Gestaltung und Produktion: Living Colors, Volketswil, Schweiz

Lektorat: Christine Hunziker und Stefan Rieken

Karten: Remy Wenger

Lithographie: Actual, Biel, Schweiz

Druck: Artegrafica, Verona, Italien

ISBN 3-88973-605-X

Inhalt

Vorwort

Namibia ist nach Afrikas lebendiger Wüste benannt – der Namib. Seit Jahrmillionen von Jahren entwickeln faszinierende Tiere und seltsame Pflanzen ungewöhnliche Methoden, um in dieser feindlichen Umgebung zu überleben. Die Urbewohner nennen es 'die große Leere ', doch in den Dünen und auf den Kieselsteinebenen der Namib blüht das Leben.

Während einer zweijährigen Reise haben meine Freundin Yvonne Camenzind und ich die verschiedenen Regionen der Namib erkundet. Bald zog uns die Wüste in ihren Bann, und wir passten unser tägliches Leben ihrem Rhythmus an. Langsam enthüllte die Namib ihre Geheimnisse.

Wir hoffen die Bilder und der Text dieses Buches vermitteln den Zauber der Namib, und helfen den Respekt für die Menschen und die Tiere von Afrikas lebendiger Wüste zu wahren.

Mark Müller

Volketswil, 1994

Etosha Pfanne

ort des trockenen wassers

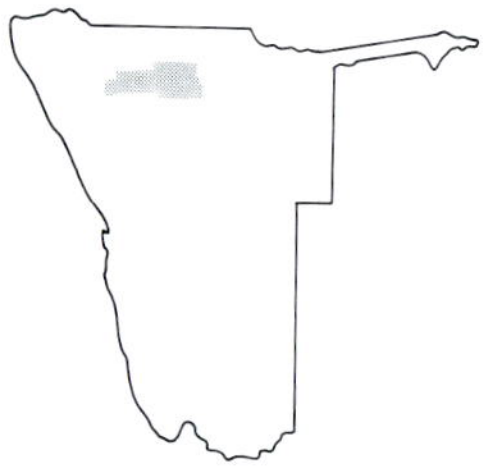

Mein Blick wandert über die endlose weiße Fläche. Nur das Rauschen des heißen Windes unterbricht die fast vollkommene Stille. Eine kleine Windhose fegt über den ausgetrockneten Boden, dabei wirbelt feiner Sand in den weiten Himmel. Mit hoher Geschwindigkeit schießt die weiße Sandspirale davon und verschwindet am Horizont. Dort kann ich den 'Geist eines Sees' entdecken, eine Fata Morgana. Die Sonne steht hoch, drückende Hitze läßt die Luft flimmern. Plötzlich tauchen in der Ferne kleine schwarze Punkte auf, scheinbar schwebend zwischen Horizont und Himmel. Sie bilden eine Kolonne von schwarzen Geistern, die sich langsam nähert, und bald bekommen die schemenhaften Gestalten erkennbare Silhouetten mit schließlich endgültigen Formen. Es ist eine kleine Herde von Gnus, die sich mit hängenden Köpfen durch die unwirtliche Gegend schleppen. In einiger Entfernung schreiten sie an mir vorbei und stehen nach wenigen Metern im kniehohen, saftigen Gras.

Die Etosha-Pfanne ist eine über sechstausend Quadratkilometer große Ebene im Norden von Namibia. Sie ist das Skelett eines prähistorischen Sees. Durch Dürre und Erhebung der Landschaft seiner lebenswichtigen Zuflüsse beraubt, trocknete er vor zehn Millionen Jahren aus. Übrig blieb eine von Rissen durchzogene, salzhaltige Lehmkruste, der Grund des einst mächtigen Wassers. Weite Grasflächen und Buschland umgeben die topfebene Salzpfanne, und ein hoher Grundwasserspiegel, der unterirdische Schatz von Etosha, versorgt zahlreiche Wasserlöcher um die Pfanne das ganze Jahr über mit der lebensnotwendigen Feuchtigkeit. Diese Wasserstellen haben schon vor unserer Zeit eine Vielzahl von Tieren angelockt.

Die Etosha Pfanne füllt sich selten mit Wasser. Ist das aber der Fall, verwandelt sie sich in ein Vogelparadies.

Die Ureinwohner von Etosha waren Heikum, die wie Jäger und Sammler in nomadisierenden Familiensippen lebten. Aus dem Norden eingewanderte Stämme, Herero und Ovambo, verdrängten weitgehend die sanften Heikum. So leben heute nur noch wenige Mitglieder dieses einst natur-

verbundenen Volkes als Arbeiter oder Fährtensucher im Nationalpark. Ende des 19. Jahrhunderts übernahmen die ersten weißen Siedler die Herrschaft; mit ihnen kamen die skrupellosen Jäger, die den scheinbar unerschöpflichen Wildbestand innerhalb kurzer Zeit gefährlich reduzierten. Um die sinnlose Wilderei zu beenden, setzte der Gouverneur von Lindequist 1907 fast den gesamten Norden Namibias unter Naturschutz. Im Lauf der Geschichte wurde das geschützte Gebiet aber immer wieder verkleinert, und erst 1970 wurde Etosha in seinem heutigen Umfang zum Nationalpark erklärt.

Von einem Elefantenkadaver gut genährt schleppt sich ein junger Löwe mit vollem Bauch zum Wasser. Ausgewachsene Löwen brauchen etwa neununddreißig Kilogramm Fleisch pro Woche, bei zweihundertfünfzig Löwen im Park ergibt das eine beachtliche Menge an erlegtem Wild.

Noch heute ist der über zwei Millionen Hektar große Etosha-Nationalpark Lebensraum einer artenreichen Flora und Fauna: Man findet fünfzehn verschiedene Antilopenarten, vom winzigen Damara Dik-Dik bis zum neunhundert Kilogramm schweren Eland. Geschickte Jäger wie Löwen, Leoparden, Geparde, Schakale und Hyänen sorgen dafür, daß sich die

Pflanzenfresser nicht übermäßig vermehren. Keine Angst vor den scharfen Zähnen der Fleischfresser jedoch haben zahlreiche Elefanten und Spitzmaulnashörner, die im Park eine sichere Heimat finden. Und mehr als dreihundert verschiedene Vogelarten mit oft prachtvollen Gefiedern setzen bunte Farbakzente in den sonst eintönigen Busch.

Ohne Wasser kein Leben: Mit durchschnittlichen Niederschlägen von nur vierhundert Millimeter pro Jahr ist Etosha eine der trockensten Savannen Afrikas. Darum muß das Wild während der dreimonatigen Regenzeit Kraft schöpfen, um die erbarmungslose Trockenperiode zu überstehen. Nirgends wird diese Abhängigkeit vom Wasser so deutlich wie an den von durstigen Tieren belagerten Wasserstellen. Hier bilden Leben und Tod eine unzertrennliche Einheit, denn notgedrungen treffen Freund und Feind auf engstem Raum zusammen.

Es ist September, seit fünf Monaten ist kein Tropfen Regen mehr gefallen, das Thermometer zeigt achtunddreissig Grad Celsius im Schatten. Das dürre Gras ist seiner wertvollen Nährstoffe beraubt, und nur die schirmförmigen Akazien spenden ein wenig Schatten. Die brennende Sonne wird vom hellen Kalkboden reflektiert und taucht die ausgehungerte Landschaft in gleißendes Licht. Wir sind auf unserer täglichen Pirschfahrt. Kurz vor dem Wasserloch 'Kalkheuwel' entdecken wir die ersten durstigen Kehlen: Eine Herde Steppenzebras wartet in einer Reihe. Die ersten Tiere haben das Wasser erreicht und beginnen, gierig zu trinken. Zwei Hengste in der hinteren Reihe suchen Streit, sie versuchen sich gegenseitig in die Flanken zu beißen. Beide erheben sich auf ihre Hinterläufe, die Vorderbeine

Die monogam lebenden Paare der Damara-Dik-Dik sind Namibias kleinste Antilopen und verteidigen zeitlebens ihr Revier. Das Männchen markiert mit einem Duftstoff aus Drüsen unterhalb des Auges die Äste an der Grenze seines Territoriums.

Steppenzebras sind soziale Tiere und leben in kleinen Familien. Sie werden von einem Hengst angeführt, den man leicht am dicken Hals erkennt. In spielerischer Vorbereitung für den Ernstfall kämpfen junge Hengste miteinander, sie versuchen sich gegenseitig in Fersen und Nacken zu beißen. Um eine eigene Familie gründen zu können, müssen die jungen Hengste zuerst mit dem Anführer einer Gruppe kämpfen. Nach dieser Kraftprobe entscheidet der Familienvater, ob er eine seiner Stuten dem jungen Herausforderer überläßt.

wirbeln in der Luft. Die Auseinandersetzung ist vorbei, als einer der kämpfenden Hengste seinem Gegner einen schmerzhaften Tritt am Hals versetzt, deutlich hören wir das laute Klatschen des Hufes. Unruhige Stuten machen sich durch bellendes Wiehern bemerkbar – auch sie wollen ans Wasser. Immer mehr gestreifte Körper kommen aus den Büschen, sie stoßen, schieben, drängeln sich nach vorne. Da stolpert ein unerfahrenes Fohlen über einen im Wasser verborgenen Stein und löst eine Panik unter den trinkenden Tieren aus: Hunderte von flüchtenden Hufen lassen das Wasser nach allen Seiten spritzen.

Von ein paar stattlichen Böcken angeführt, nähert sich eine Familie von Kudus behutsam dem Wasserloch. Aus sicherer Distanz haben diese überaus vorsichtigen Antilopen das Treiben am Wasser beobachtet und gewartet, bis die lauten Zebras verschwunden waren. Jetzt trinken die Kudus in aller Ruhe, spähen jedoch regelmäßig umher. Die empfindlichen Nüstern prüfen dabei die Luft auf den Geruch von Gefahr, und die großen Ohren drehen sich wie Radarschirme in verschiedene Richtungen, so daß sie selbst die kleinsten Geräusche wahrnehmen. Gelassen betrachten sie

Bereits eine Stunde nach der Geburt kann ein Zebrafohlen mit der Herde mithalten. Während der Löwe laut brüllend seinen Anspruch auf ein Territorium bekannt gibt, markiert der Leopard mit Hilfe seiner Duftdrüsen die Büsche des Reviers.

ein paar näherkommende Springböcke, die nebenan zu trinken beginnen. Plötzlich schießt ein Leopard aus dem Busch hervor und durchquert mit riesigen Sätzen das Wasserloch, geradewegs auf die völlig überraschten Springböcke zu. Als sich der aufgewirbelte Staub senkt, sehen wir den Leoparden mitten im Wasser stehen, sein hungriger Blick folgt den flüchtenden Antilopen. Mißmutig schreitet er aus dem Wasser und schüttelt dabei immer wieder angewidert seine Tatzen; auch große Katzen hassen es, naß zu werden!

Dank hohen Luftsprüngen und rasantem Spurt entkommen Springböcke sogar den viel schnelleren Geparden. Als zusätzliche Ablenkung spreizen die flüchtenden Antilopen eine Hautfalte am Hinterteil, so daß ihr weißer Pelz aufblitzt.

Wir sitzen am Wasserloch 'Klein Okevi' und bald wird die aufgehende Sonne die angenehm kühle Morgenluft erwärmen. Nicht zum ersten und nicht zum letzten Mal in dieser Woche harren wir stundenlang an einer Wasserstelle aus, um das Treiben der Savannentiere zu beobachten, die während der Trockenzeit täglich zum Trinken zum Wasser kommen.

In der Dämmerung beobachten wir zwei Tüpfelhyänen, die im Wasser genüßlich baden. Sie sitzen im Wasserloch, das sie als Planschbecken mißbrauchen, tauchen abwechselnd kurz ihre Köpfe unter und verharren

dann minutenlang. Sie scheinen das Bad einfach nur zu genießen! Als das triefende Paar im Busch verschwindet, hinterläßt es eine nasse Spur auf dem trockenen Boden.

Den ganzen Morgen strömen Gnus, Zebras, Kudus und Springböcke ans Wasserloch. Da trippelt ein Warzenschwein mit erhobenem Schwanz zum Wasser. Der furchtlose Eber scheint sich als einziger nicht um lauernde Gefahren zu kümmern. Er löscht seinen Durst und wendet sich dann seiner großen Leidenschaft zu: dem Schlammbad. Mit sichtlichem Wohlbehagen wälzt er sich ausgiebig im Dreck und bedeckt mit der schlammigen Erde den ganzen Körper. Diese unterhaltsame Körperpflege beobachten aus luftiger Höhe einige Giraffen. Eine Giraffe plaziert sich sorgfältig am Wasserrand, spreizt schwerfällig die Vorderbeine und senkt den langen Hals zum Wasser. Mit kräftigen Zügen saugt sie die Erfrischung durch die schier endlose Speiseröhre hinauf.

Geduldig lauern Schildkröten in Wasserstellen trinkenden Vögeln auf, vor allem Tauben und Flughühner fallen ihnen zum Opfer. Die Schildkröten nähern sich im trüben Wasser unbemerkt ihrer Beute und ziehen dann die überraschten Vögel in die Tiefe.

Etoshas Elefanten sind zwar die größten Afrikas, ihre Stoßzähne aber sind klein und brüchig. Wahrscheinlich fehlen den etwa zweitausendfünfhundert Elefanten im Park wichtige Mineralien zur Bildung des Elfenbeins. Während der Trockenzeit kann man die durstigen Dickhäuter täglich an den Wasserstellen beobachten. Große Bullen trinken dann bis zu siebzig Liter, wobei sie mit einer Rüsselladung schon sieben Liter Wasser aufnehmen können. An heißen Tagen kühlen sich die Elefanten bei einer Dusche oder einem Bad.

Dann schnellt der Hals nach oben, die Vorderbeine werden zusammengeschlagen, und die Giraffe steht wieder aufrecht.

Ich beobachte mit dem Fernglas eine Kap-Taube beim Trinken. Der ahnungslose Vogel wird auch von anderen Augen aufmerksam gemustert. Die tödliche Gefahr lauert im Wasser: Wie das Periskop eines Unterseebootes ragen die Augen einer Wasserschildkröte knapp über die Wasseroberfläche. Und immer mehr starrende Pupillen tauchen auf, bilden einen fortwährend enger werdenden Halbkreis um die trinkende Taube. Aber bevor die tödliche Falle zuschnappen kann, schwingt sich die Taube in die Luft und entflieht ihren hungrigen Jägern. Danach verschwinden die unheimlichen Augenpaare nacheinander, und die geduldigen Schildkröten suchen im Schutz des trüben Wassers nach neuen Opfern.

Während dreißig Jahren legt die Termitenkönigin täglich bis dreißigtausend Eier. Der Termitenhügel bietet vielen Tieren Schutz: Schakale lassen ihre Welpen in den Höhlen zurück, und die tagaktive Elefantenrüsselspitzmaus sonnt sich neben ihrem Schlupfloch.

Seit geraumer Zeit füllen sich die umliegenden Bäume mit Blutschnabelwebern, kleinen sozialen Vögeln. Die Schwärme kommen jetzt aus allen Richtungen, und Neuankömmlinge finden nur mit Mühe auf den bereits überladenen Ästen Platz. Welch ein Anblick: Wie auf ein unsichtbares

Kommando hin erheben sich alle Vögel, eine Wolke aus Zehntausenden von kleinen Körpern gleitet zum Wasserloch, das nun durch ein Meer aus emsig schlagenden Flügeln vollständig verdeckt wird. Das Getöse der Flügelschläge wird nur durch das ohrenbetäubende Gezwitscher aus den blutroten Schnäbeln übertönt. Die Zeit scheint für uns einen Moment stillzustehen, mit angehaltenem Atem beobachten wir dieses einmalige Schauspiel. Im scheinbaren Chaos herrscht eine Ordnung, das verwirrende Durcheinander ergibt Sinn. Jeder Blutschnabelweber schöpft ganz kurz Wasser, bevor er nach vorne wegfliegt, um sich nach einem großen Bogen wieder hinten 'anzustellen'. Es ist nicht einfach, in dem sich drehenden Kreis von Leibern einen einzelnen Vogel auszumachen; die Beutegreifer haben es schwer, sich auf ihr Opfer zu konzentrieren: Erst nach vielen vergeblichen Sturzflügen erwischt ein Sperber einen der kleinen Vögel.

Wir haben einen Elefantenbullen bemerkt, der auf leisen Sohlen hinter den Büschen auf und ab schreitet: Unsere Anwesenheit scheint ihm zu mißfallen. Endlich kommt er hervor, geht dann jedoch nicht in Richtung Wasserloch, sondern stampft geradewegs auf uns zu! Ich halte vorsichtshalber den Zündschlüssel des Wagens bereit. Zielstrebig marschiert uns der fünf Tonnen schwere graue Riese entgegen, seine Ohren bedrohlich aufgestellt. Da die Situation kritisch wird, starte ich den Wagen – und genau in diesem Moment beginnt der Bulle auf uns loszurasen wie eine Lokomotive. Mit Vollgas fahre ich rückwärts und kann dabei nur mit Mühe einigen Bäumen ausweichen. Erst als wir aus seinem Blickfeld entschwunden sind, läßt der wütende Elefant von uns ab; er war bis auf wenige Meter an uns herangekommen.

Kopfduelle junger Giraffenbullen sind meist harmlose Spielereien, futterneidische Schabrakenschakale indessen kämpfen erbittert um einen guten Platz am Kadaver.

Ein Ochsenfrosch droht mit aufgeblähtem Körper. Seinen Tümpel hat er sich in harten Duellen mit Artgenossen erkämpft. Nun wartet er auf ein Weibchen zur Paarung; trocknet der Tümpel jedoch vorher aus, verschwindet der Ochsenfrosch wieder in seinem unterirdischen Versteck, um auf den nächsten Regen zu warten, wenn es sein muß für Jahre.

Wahrscheinlich befand sich der Bulle in 'Must', einem Zustand der Aggression, der von der Wissenschaft bis heute nicht genau erklärt werden kann; man vermutet, daß es sich um eine periodische Hormonstörung handelt.

Es dauert einige Minuten, bis der Elefantenbulle und, vor allem, wir uns beruhigt haben. Zaghaft wagen wir uns wieder ans Wasserloch. Dort trinkt der Dickhäuter friedlich, er füllt seinen Rüssel mit Wasser und entleert dann die fast sieben Liter in seine durstige Kehle.

Es ist kurz vor Sonnenuntergang, die ideale Zeit also für einen Leoparden, um vor der nächtlichen Jagd eine Erfrischung zu nehmen. Gespannt erwarten wir den Prinzen der Nacht, dessen Erscheinen selbst langjährigen Safariteilnehmern das Herz schneller schlagen läßt. Wir bemerken den Leoparden erst im letzten Moment: Plötzlich löst sich seine Gestalt aus dem Schatten des Busches, und geschmeidig schleicht die elegante gefleckte Katze durchs Gras. Erstaunlicherweise kümmert sie sich nicht um die fünf trinkenden Elefanten und schreitet nur wenige Meter an ihnen vorbei. Da wird es einem jungen Elefantenbullen zuviel, und er spritzt mit seinem Rüssel nach der überraschten Katze, die sich der kalten Dusche aber noch im letzten Moment mit einem riesigen Satz entziehen kann. Erst als die unfreundlichen Elefanten weg sind, wagt sich der Leopard wieder hervor. Er kauert sich hin, leckt das Wasser mit eifriger Zunge. Und so geheimnisvoll, wie er erschienen ist, verschwindet der

Nach den ersten Regenfällen erscheinen unzählige Insekten, eine wichtige Nahrungsgrundlage für Amphibien, Reptilien und Vögel.

nächtliche Räuber wieder in der Dunkelheit der anbrechenden Nacht.

Der Ochsenfrosch, mit über zwanzig Zentimeter Körperlänge ein riesiger Vertreter seiner Gattung, ist der Botschafter des Regens. Monate, manchmal jahrelang sitzt er in einem dunklen Loch, den Herzschlag auf ein Minimum reduziert. Eine schützende Hülle umgibt seinen vom Austrocknen bedrohten Körper. Er wartet geduldig bis die Wände seines unterirdischen Schlafgemaches wieder naß werden. Dann öffnen sich die großen, seit langem geschlossenen Augen; zielstrebig gräbt er sich nach oben und erblickt nach endlosem Schlaf endlich wieder das Tageslicht.

Ein Gnu überquert mit schweren Schritten die teilweise mit Wasser gefüllte 'Fisher Pan', auf der sich bald Wasservögel sammeln werden. Wie aber Flamingos und Pelikane an der vierhundert Kilometer entfernten Skelettküste vom Regen im Etosha wissen, ist ein Rätsel! Am See jagt die Gabelschwanzrake nach Insekten.

Nun erscheinen auch die langersehnten Regenwolken über Etosha. Die dunklen Reiter des Himmels nehmen den Kampf mit der ausgedörrten Landschaft auf, und die Regentropfen versickern in der durstigen Erde. Erst wenn die Gewitter lange genug anhalten, bilden sich kleine Tümpel, und die Pfanne beginnt sich langsam zu füllen. Für kurze Zeit erwacht Etosha und zeigt, welche Schönheit unter der verwitterten Haut schlummert. In den Tümpeln kämpfen die großen Ochsenfroschmännchen verbittert um ein Territorium. Sie versuchen sich gegenseitig wegzustoßen,

Löwen und Tüpfelhyänen jagen meist in der Nacht. Sie sind auch Aasfresser und verschmähen nicht einmal verendete Elefanten.

manch einer packt seinen Konkurrenten und wirft ihn hoch in die Luft. Blutige Wunden sind dabei nicht selten. Nun hat sich einer der Giganten sein Revier ergattert und wird von einem Weibchen umworben, dessen Körpergröße kaum ein Drittel ihres Partners ausmacht. Während der Paarung legt das Weibchen etwa dreitausend Eier, aus denen nach zwei

Tagen die Kaulquappen schlüpfen. Diese brauchen für die vollständige Metamorphose zwei Wochen, doch meistens trocknen die Tümpel vorher aus. Dann ziehen sich die Ochsenfrösche wieder in ihre unterirdischen Zellen zurück und warten auf den nächsten Regen. Doch Akazien, Lilien, Farbkätzchensträucher und viele andere Pflanzen tragen jetzt prachtvolle Blüten, und der sonst eintönige Busch zeigt sich von seiner schönsten Seite.

Ein trächtiges Gnu liegt inmitten seiner Herde. Nach acht Monaten Tragzeit wird es nun jeden Moment ein Junges zur Welt bringen. Heftig schnaubend vor Anstrengung presst die Mutter ihr Kalb immer weiter hinaus, bis es endlich zu Boden fällt. Die Nabelschnur reißt, und ein hilfloses Bündel liegt steif im Gras. Aber der Lebenswille gibt dem Neugeborenen Kraft; mit heftigen Bewegungen befreit es sich von der Plazenta und beginnt zu atmen. Kurze Zeit später steht das junge Gnu bereits auf seinen wackeligen Beinen und wird schon in weniger als einer Stunde in der Herde mitlaufen.

Auch andere Jungtiere sehen wir überall herumtollen: Giraffen versuchen ihrer langen Beine Herr zu werden. Während Springböcke ihrem Namen alle Ehre machen, rennen Zebrafohlen im Kreis um ihre Mütter. Ein Schakalweibchen wird von ihren Welpen mit freudigem Winseln und heftigem Schwanzwedeln begrüßt, sie würgt vorverdautes Futter hervor, das von den Jungen gierig verschlungen wird. Auch die Jungen einer Gepardin haben zu fressen, die Mutter sitzt heftig atmend neben einem soeben erlegten Springbock. Mit ihren spitzen Eckzähnen haben die jungen Geparden bereits begonnen, die Antilope aufzureißen.

Die Tiere ahnen, daß die Regenzeit nicht lange anhalten wird: Sie sammeln Kräfte für die kommenden Monate. Es wird nicht lange dauern, bis sich die durstigen Tiere wieder an den Wasserstellen versammeln.

Spitzmaulnashörner sind vom Aussterben bedroht, finden aber im Etosha einen sicheren Lebensraum. Sie ernähren sich hauptsächlich von dornigen Ästen, die sie beim Fressen nicht zu stören scheinen.
Mit scharfen Augen überblickt ein Gepard sein Jagdrevier, er ist das schnellste Landlebewesen und erreicht beim Spurten eine Geschwindigkeit von über einhundert Kilometern pro Stunde.

Kaokoland

himba und herero

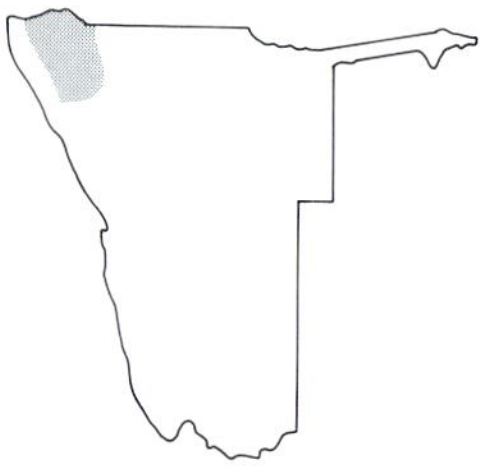

Der Kunene-Fluß, dessen Quelle in den Benguela-Bergen von Angola liegt, erreicht bei Ruacana die namibische Grenze. Nach einem tiefen Sturz über die Wasserfälle schlängelt sich der Fluß westwärts durch die Baynes- und Otjihipa-Berge und mündet schließlich in den Atlantik. Kaoko, 'linker Arm', nennen die Herero das Land auf der südlichen Seite des Flußes.

Vor rund vierhundert Jahren wanderten die Herero, stolze, hochgewachsene Bantu, aus dem Nordosten ins karge und regenarme Kaokoland. Während viele auf der Suche nach besseren Weidegründen in den Süden weiterzogen, blieb ein Teil der Einwanderer zurück. Diese Herero waren die Urväter des noch heute traditionell lebenden Stammes der Himba. Als Nomaden ziehen diese Hirten in kleinen Gruppen durch die hügelige Landschaft, auf der Suche nach Wasser und Weideplätzen für ihre Rinder- und Ziegenherden. Sie teilen sich dieses herbe Paradies mit vielen anderen Wüstenbewohnern wie Elefanten, Spitzmaulnashörnern, Giraffen und Bergzebras.

Aus den im 16. Jahrhundert eingewanderten Herero erwuchsen die noch heute traditionellen Himba.

Die Himba haben über Generationen gelernt, den harten Bedingungen der harschen Umgebung zu trotzen – dennoch ist ihre Lebensweise bedroht. Vor allem Alkohol bedeutet für viele den Verlust ihrer Identität. Der zunehmende Tourismus und ehrgeizige Baupläne im Kaokoland bedrohen die unberührte Natur.

Doch auch die Himba selber tragen zur Verschlechterung ihrer Zukunft bei. Der Reichtum eines Mannes wird an der Zahl seiner Rinder gemessen – eine Sitte vieler afrikanischer Stämme. Dadurch ist die Gefahr der Überweidung sensibler Grasflächen groß, denn der nährstoffarme Boden erholt sich nach den seltenen Regenfällen nur langsam.

Zum Schutz von Menschen und Tieren sollte das nordwestliche Kaokoland den Status eines Nationalparks erlangen.

Das Leben eines Himba dreht sich fast gänzlich um seine Rinder; diese liefern Fleisch, Milch und Blut für die tägliche Nahrung einerseits, für Opfergaben bei traditionellen Ritualen andererseits. Die Himba messen den Reichtum an der Zahl ihrer Rinder und Ziegen.

Wir campieren am Ufer des Kunene, die Luft hat sich während der Winternacht stark abgekühlt, und durch den Temperaturunterschied bilden sich auf dem Kunene rote Nebelschwaden, von der aufgehenden Sonne gefärbt. Durch die Zeltöffnung sehen wir am anderen Flußufer ein paar Paviane beim ersten Sonnenbad, und ein Schlangenhalsvogel fliegt knapp über der Wasseroberfläche an uns vorbei. In der Ferne hören wir das Gackern von Perlhühnern, und eine Gruppe von Affen hat ausgerechnet den Baum über unserem Camp für ihre morgendliche Turnstunde gewählt. Das Höllenspektakel treibt uns bald aus den warmen Schlafsäcken...

Während unseres Frühstücks bewundere ich den Wald, dessen hohe Bäume in einem schmalen Streifen entlang des Kunene wachsen. Ich traue meinen Augen kaum, als eine Himba-Frau lautlos aus dem Schatten des dichten Blätterdaches auf eine kleine Lichtung tritt. Von der gelben Morgensonne in ein zauberhaftes Licht getaucht, steht sie regungslos da und beobachtet uns. Was für ein malerisches Bild! Mein Fotografenherz beginnt wild zu schlagen, und auf meine zögernden Versuche, sie zu fotografieren, reagiert die Himba mit kurzem Nicken. Sie kommt langsam näher, läßt sich dabei vom wiederholten Klicken meiner Kamera nicht beeindrucken. Haut und Haar der schönen Frau sind zum Schutz vor der brennenden Sonne mit einem Gemisch aus eisenhaltigem Pulver und Butterfett eingeschmiert und verleihen ihr die typisch ockerrote Erscheinung. Der kurze, mehrmals gefaltete Lederrock bedeckt als einziges Kleidungsstück ihren schlanken Körper. Schmuckstücke aus Kupfer, Leder und Muscheln zieren Fuß- und Handgelenke. Klare dunkle Augen blicken aus dem fein geschnittenen Gesicht und strahlen eine natürliche Ruhe aus. Mit Gesten versuchen wir uns zu verständigen und danken für die Erlaubnis, sie zu fotografieren. Als wir ihr Geschenke geben, ein wenig Zucker und Tabak, lächelt sie kurz und verschwindet im Wald.

Auf unserer Fahrt durch das Kaokoland begegnen wir im Süden immer wieder Herero. Sie sind wie die Himba Rinderhirten, jedoch seßhaft. Die kleinen Dörfer bestehen aus lehmverkleideten Holzhütten, die sie mit Tiermotiven bemalen. Wir haben das große Glück, als einzige Europäer zu einer traditionellen Hochzeit eingeladen zu werden. Das Fest dauert mehrere Tage und gibt uns die Gelegenheit, Menschen und Sitten näher kennenzulernen. Die Männer tragen Anzüge, die Frauen bunt gefärbte Röcke und auffällige Hüte. Zur Kolonialzeit hatten Missionare

Bereits in der Kindheit werden Himba zur Selbständigkeit erzogen und lernen bald, wie man in der harschen Umgebung des Kaokolands überlebt. Bevor ein Himba-Junge jedoch die wertvollen Rinderherden alleine beaufsichtigen darf, muß er mit Ziegen auf einsame Wanderungen gehen. Schon als Kinder sind die Himba stolze Menschen, die eine würdevolle Ruhe ausstrahlen.

Eine Himba-Frau tritt aus dem dichten Wald in eine sonnendurchflutete Lichtung am Flußufer des Kunene. Himba schmücken sich mit Hals- und Fußketten, Haare und Körper werden mit einem Gemisch aus ockerroter Erde und Butterfett eingeschmiert.

Eine Herero-Braut weint beim Verlassen ihres Dorfes am Ende der einwöchigen Hochzeit. Die Ältesten aus der Familie des Bräutigams kriechen ehrerbietend auf den Knien in die Hütte der Braut und erzählen den Ahnen von der Hochzeit.

die nackten Frauen mit der damaligen viktorianischen Mode bekleidet, aber daraus entwickelten die Herero ihren eigenen Stil.

Die Hochzeit folgt einem alten Ritual: Die Familie des Bräutigams übernachtet in Zelten einige hundert Meter vom Dorf der Braut entfernt. Die zwei Sippen sind sich noch fremd, und so begegnen sich die Erwachsenen in den ersten Tagen nicht, nur die Kinder dürfen miteinander spielen. Um die Freundschaft und das Vertrauen zwischen den beiden Familien aufzubauen, werden in regelmäßigen Abständen ganz bestimmte Fleischstücke von frisch geschlachteten Rindern ausgetauscht. Die Braut, ihr Gesicht mit einem weißen Schleier bedeckt, sitzt schon seit Tagen mit ein paar Schwestern und Tanten in ihrer Hütte. Nur gelegentlich verläßt sie diese und geht, umringt von den Schwestern, zum heiligen Feuer in der Dorfmitte.

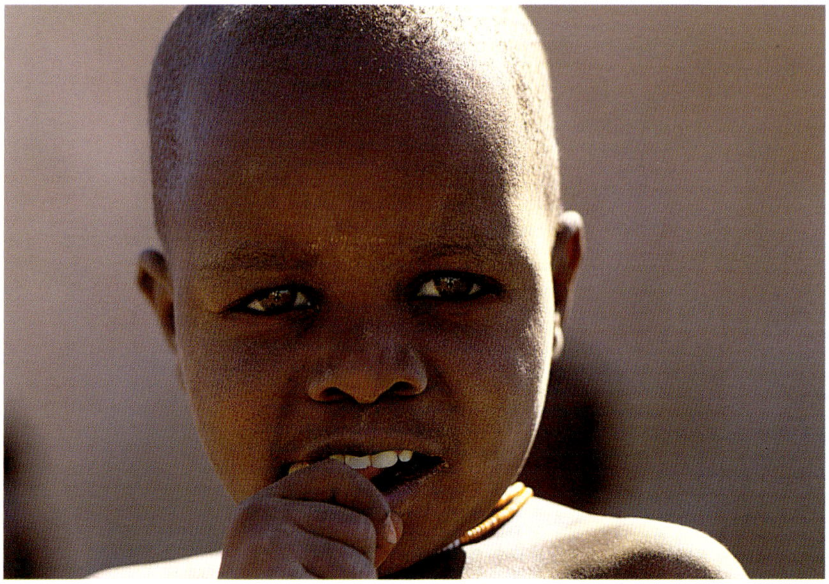

Dort sitzen schon die Dorfältesten und überwachen ein Ritual, bei dem der Brautvater seine Tochter unter ständigem Gemurmel mit Wasser besprüht. Der Bräutigam darf bis zur eigentlichen Trauung von der Brautfamilie nicht gesehen werden, nur beim Austauschen der Geschenke ist seine Anwesenheit erlaubt. Im Schutz der Dunkelheit jedoch schleicht er sich zu seiner zukünftigen Ehefrau in die Hütte – obwohl das jeder weiß und duldet, darf ihn dabei niemand sehen. Vor dem Morgengrauen verläßt er heimlich das Dorf; die Nacht hat er sitzend neben seiner Zukünftigen verbracht, umringt von Anstandsdamen. Um die Freundschaft der beiden Familien zu besiegeln, findet am Abend vor der eigentlichen Vermählung ein großes Fest statt. Jetzt können sich die Mitglieder der beiden Sippen treffen, nur der Bräutigam ist ausgeschlossen. Bis in die frühen Morgenstunden essen, trinken, singen und tanzen die Herero ausgelassen.

Im südlichen Kaokoland leben Herero und Himba oft friedlich nebeneinander, die Kinder der beiden Stämme sind kaum zu unterscheiden und zeigen die enge Verwandtschaft.

Der letzte und wichtigste Tag der Hochzeit ist angebrochen: Die Ältesten aus der Familie des Bräutigams kriechen ehrerbietend auf den Knien in die Hütte der Braut. Dort erzählt man den Geistern ihrer Ahnen von der Hochzeit. Dann kriecht die Braut unter den Beinen des Vaters hindurch aus der Hütte auf den Dorfplatz und verläßt so für immer das heimatliche Dorf. Noch eine Woche lang wird die Braut ihren Schleier tragen, dann schlachtet der Bräutigam für ein abschließendes Fest eine Ziege, und die Hochzeit ist beendet.

Während den ersten Tagen einer Herero-Hochzeit sind sich die beiden Familien noch fremd, und so begegnen sich die Erwachsenen in den ersten Tagen nicht, nur die Kinder dürfen miteinander spielen.

Skelettküste

küste des ewigen nebels

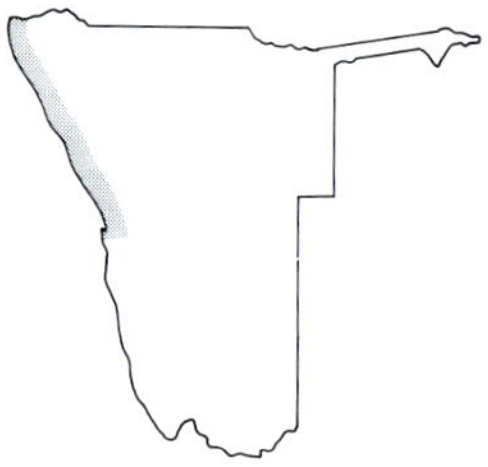

Mit knapp fünfzig Kilometer Breite und etwa fünfhundert Kilometer Länge bedeckt der Skelettküsten-Park ein für namibische Verhältnisse eher kleines Gebiet. Bei oberflächlicher Betrachtung sehen die dunkelgrauen Kieselsteinebenen öde und verlassen aus, die kahlen Hügel verstärken noch den Eindruck der Monotonie. Heller Sand liegt wie Puderzucker auf den endlosen Flächen, bei Torra Bay bilden sich dann die ersten sichelförmigen Barchan-Dünen. Das sind Wanderdünen, die vom Wind vorwärts getrieben werden. Die Oasen der Flüsse Huab, Uniab, Hoanib, Hoarusib und Khumib durchziehen die zerklüfteten Berge an der Ostgrenze des Parks und beleben als grüne Streifen die Einsamkeit der Ebenen. Schließlich münden die trockenen Flüsse aus dem Landesinnern in den Atlantik, den ungleichen Bruder der Wüste Namib.

Tief im südlichen Atlantik jagt ein Antizyklon eisige Winde über die See. Er treibt schon seit fünf Millionen Jahren den Benguela-Strom in nördliche Richtung der namibischen Küste entlang. Dort finden riesige Fischschwärme im frischen und nährstoffreichen Wasser genügend Nahrung und bieten eine ideale Lebensgrundlage für andere Meeres- und Küstenbewohner.

Unzählige Schiffswracks, Knochen verendeter Wale und karge Strände gaben der Skelettküste ihren Namen.

Kaltes Meerwasser und heiße Wüstenluft: Die Begegnung solch gegensätzlicher Elemente löst eine gewaltige Reaktion aus. Fast täglich hängt ein weißer Vorhang aus dichtem Nebel vor der Küste und wartet auf seine lebenspendende Aufgabe. An etwa sechzig Tagen im Jahr wandert der Nebel in den frühen Morgenstunden bis zu hundert Kilometer in die Namib hinein. Die durstige Wüste ist auf Feuchtigkeit angewiesen, Pflanzen und Tiere haben verschiedenste Methoden entwickelt, diesen Gruß des Meeres auszunützen.

So ist die Skelettküste nicht nur Geburtsort des ewigen Nebels, sondern bietet auch Lebensraum für eine einzigartige Fauna und Flora.

Dünenmeer und Atlantik treffen an der Skelettküste aufeinander. Durch die heiße Wüstenluft und das kalte Meerwasser entsteht Nebel, der an etwa sechzig Tagen im Jahr bis zu einhundert Kilometer in die Wüste hineinwandert. Dank dieser Feuchtigkeit können Tiere und Pflanzen in der Namib überleben.

Jakobus Canus setzte im Jahr 1484 als erster Europäer seinen Fuß auf diese rauhe Küste, um zu Ehren des Königs von Portugal am heutigen Kreuzkap ein Kreuz zu errichten. Wohl zur selben Zeit sammelten Strandläufer, ein später ausgestorbener Stamm von Jägern und Sammlern, die Kadaver angeschwemmter Fische, Wale und Robben. Noch heute kann man an der Mündung des Ugab, der damals regelmäßig Wasser führte, die Überreste einer kleinen Siedlung entdecken. Neben den aus Walrippen gebauten Hütten liegen große Haufen von Muschelschalen, Zeugen der Meereskost der einstigen Strandbewohner.

Die Skelettküste blieb lange Zeit vor Ausbeutung verschont. Nach Entdeckung der reichen Fischgründe am Ende des 19. Jahrhunderts jedoch kamen amerikanische und englische Fischer, die bis zur Kolonialzeit die Gewässer überfischten und unter den Walen ein Massaker anrichteten.

Innerhalb kurzer Zeit wurde fast sämtliches Guano, der für Düngezwecke verwendete Vogelkot, abgebaut und nach Europa verschifft. Bald gründeten deutsche Pioniere die Hafenstadt Swakopmund. Der junge Schwede Karl Andersson und Francis Galton, Cousin des berühmten Biologen Charles Darwin, unternahmen von dort aus die ersten Entdeckungsreisen in das unbekannte Landesinnere von Namibia.

Auch wir wollen dieses einmalige Gebiet kennenlernen und begleiten Jan Friede, einen jungen Beamten der Naturschutzbehörde, auf einer seiner regelmäßigen Patrouillenfahrten. "Halte dich gut fest!" ruft mir Jan aus dem Inneren seines Geländewagens zu. Während ich mich hinten auf der offenen Ladefläche verzweifelt festklammere, sitzt meine Gefährtin Yvonne in der bequemen Führerkabine und unterhält sich mit dem jungen Beamten. Obwohl mir der feuchte, salzige Fahrtwind Tränen in die Augen treibt, weicht mein Blick nicht vom Schauspiel vor uns ab. Tausende von

Schakale patrouillieren an einsamen Stränden entlang auf der Suche nach Futter: angeschwemmte Fischkadaver, tote Robben oder hilflose Küken. Auf den hohen Dünen trocknen Graureiher ihr Gefieder im stetigen Südwester-Wind, sie fischen in der nahen Lagune von 'Sandwich Harbour'.

Der kühle Benguela-Strom bietet mit seinem nährstoffreichen Wasser eine ideale Lebensgrundlage für die vielen Küstenbewohner. Tausende von Kormoranen stürzen sich täglich in die Fluten, um nach Fischen zu tauchen. Eine Geisterkrabbe bleibt bei Ebbe am Strand zurück. Am Kreuzkap leben Zehntausende von Pelzrobben, Gestank und Lärm der riesigen Kolonie sind schon von weitem bemerkbar.

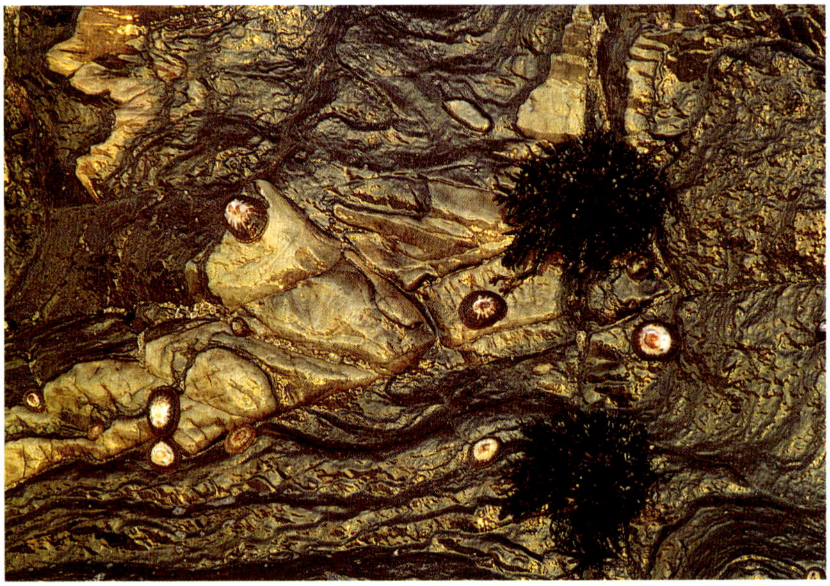

Kormoranen stürzen sich in die Fluten des Benguela-Stroms, um unserem Wagen auszuweichen. Auf einer kilometerlangen Strecke löst sich eine schwarze Wolke aus unzähligen Vögeln vom Strand und vermischt sich mit dem weißen Schaum der Brandung. Immer wieder treffen wir Pelzrobben, die am Strand in der Sonne dösen. Am zweihundert Kilometer weiter südlich liegenden Kreuzkap gibt es sogar eine Kolonie von Zehntausenden dieser pelzigen Meeressäugetiere. Eine Geisterkrabbe droht mir beim Fotografieren am Strand mit ihren ausgestreckten Scheren und verschwindet dann in einer Woge – ich bleibe mit naßen Füßen zurück.

Um dem aufziehenden Nebel auszuweichen, verläßt Jan die Küste und fährt ostwärts, in ein für Touristen geschlossenes Gebiet. Auf dem Weg zum weißgelben Dünenmeer sehen wir ein einsames Oryx, nicht weit davon entfernt trottet ein Schakalpärchen auf Futtersuche zwischen Büschen. Die hungrigen Schakale laufen nur wenige Meter an einem Küken der Damara-Seeschwalbe vorbei, ohne es jedoch zu bemerken. Regungslos, durch die Färbung seines Flaumes gut getarnt, liegt das hilflose Küken auf dem steinigen Boden. Nachdem die Gefahr vorüber ist, wartet es geduldig auf die Mutter, die ihr Junges regelmäßig mit Futter versorgt.
"Jetzt zeige ich euch etwas ganz Besonderes", verspricht uns Jan. Blitzschnell schießt der Geländewagen eine Düne hoch, bleibt kurz auf der Sandkante hängen, kippt dann nach vorne und rutscht langsam die Steilseite der Düne hinunter. Ein unheimlicher Donner platzt in die Stille, ausgelöst durch die Lawine aus losem Sand, die über den harten Grund tost. 'Brüllende Dünen' nennen die Einwohner von Namibia dieses Phänomen. Geschickt lenkt Jan seinen Wagen

Die stürmische Brandung fordert ihre Opfer, noch heute erleiden unvorsichtige Seefahrer Schiffbruch.

Swakopmund ist die einzige Stadt an der rauhen Skelettküste und wird an vielen Tagen vom Nebel eingehüllt. An sonnigen Tagen jedoch erstrahlt die ehemalige Kolonialstadt in altem Glanz und erwacht aus ihrem verschleierten Schlaf. Viele der deutschsprachigen Einwohner leben von der nahen Uranmine und dem Tourismus.

durch den Irrgarten aus Sand und fährt dann durch ein trockenes Schwemmbecken des Hoaneb. Kurz darauf parkt er den Wagen, deutet auf eine kleine Anhöhe und sagt: “Schaut einmal von dort hinunter!”

Inmitten des Dünenmeeres liegt die grünblaue Oase Auses, umschlossen von einem dichten Schilfwall. Ein einzelner Flamingo steht im brackigen Wasser, das wohl aus einem unterirdischen Reservoir des nahegelegenen Hoanib stammt. “Zum Baden kommen Elefanten manchmal hierher, aber sie trinken das Wasser nicht, es ist zu salzig”, erklärt uns Jan.

In der nördlichen Namib gibt es noch achtzig Elefanten, und seit Generationen wissen die intelligenten Dickhäuter genau, wo in der Wüste Wasser zu finden ist. Sie leben vor allem in den großen Trockenflüssen, wo sie sich vom mächtigen Kameldorn-Baum und seinen Hülsenfrüchten ernähren. Im Gegensatz zu den anderen Elefanten in Afrika müssen sie nicht täglich trinken, eine Erfrischung alle vier Tage reicht bereits!

Flamingos, Pelikane und viele andere Wasservögel besuchen die Lagune bei 'Sandwich Harbour', die sich in den letzten Jahren stark verkleinert hat.

Damaraland

geschichten im fels

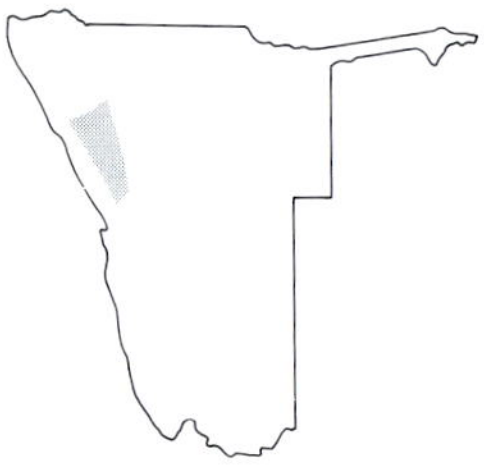

Seit einer Stunde wandern wir in einem ausgetrockneten Flußbett und dringen dabei immer tiefer in die Tsisab-Schlucht des Brandbergs vor. "Wir haben es bald geschafft", rufe ich mit keuchender Stimme meiner Gefährtin Yvonne zu. Nur mit Mühe klettern wir über riesige Granitsteine, die sich wie ein gigantisches Murmelspiel vor uns auftürmen. Ein schrilles Pfeifen läßt uns aufhorchen, und durch die Ferngläser suchen wir an den steilen Wänden der Schlucht nach dem Urheber des plötzlichen Lärms. Unter einem Felsvorsprung entdecken wir einen Klippschliefer. Diese braunen Säugetiere, kaum größer als Kaninchen, leben in Familiengruppen in den bergigen Gegenden der Namib. Sie sind flinke Kletterer und huschen mit unglaublicher Geschwindigkeit über die kahlen Felswände, wo sie sich von den Blättern der wenigen Büsche ernähren.

Weit oben am Himmel sehen wir einen Raubadler kreisen, einen der ärgsten Feinde des Klippschliefers – vor ihm hat sich der Kleine wohl in Sicherheit gebracht!

Ich schließe meine Augen und stelle mir vor, die Landschaft aus der Sicht des majestätischen Adlers zu betrachten: Unter mir liegt das mächtige Brandbergmassiv und der Königstein, der höchste Berg in Namibia. In den tiefen, verlorenen Schluchten glitzern einige Tümpel, und eine kleine Kolonne von Bergzebras strebt einer dieser Wasserstellen zu. Dutzende von ausgetrockneten Flüssen erstrecken sich vom Massiv aus und scheinen die kahle Landschaft zu umklammern. Weiter südlich ragen die Reste des Messum-Kraters aus der flachen Ebene in den weiten Himmel.

In den tiefen Schluchten des Hoanib wandern die sagenumworbenen Elefanten der Namib.

"Wollen wir jetzt die weiße Dame suchen?" Yvonnes Frage bringt meine Gedanken wieder auf den Boden der Realität, zurück in die Tsisab-Schlucht des Brandbergs. Wir sind nämlich unterwegs um die 'White Lady' zu fotografieren, die bekannteste unter Hunderten von Felsmalereien in diesem

Bergmassiv. Nach längerer Suche finden wir es endlich unter einem Felsvorsprung, vor Witterungseinflüssen gut geschützt: Zeugnis einer längst vergessenen Kultur.

Mittelpunkt der detaillierten Jagdszene mit Tieren und Jägern bildet die geheimnisvolle Darstellung einer menschlichen Gestalt mit weißem Unterkörper. Ihre Herkunft und Bedeutung konnten bis heute nicht ergründet werden. Archäologische Funde lassen vermuten, daß der Brandberg siebentausend Jahre lang von Menschen bewohnt wurde. Waren die Maler San, Damara oder uns unbekannte Stämme? Dies ist eines der vielen Geheimnisse, das die Namib wohl immer für sich behalten wird!

Bereits der Ursprung der Damara, der Namensgeber dieser Region, gibt Rätsel auf. Niemand kennt die Herkunft dieser Menschen. Vielleicht gehören sie wie die San zur Urbevölkerung des Landes?

Mit einer Höhe von über zweitausendfünfhundert Metern ist der Brandberg die höchste Erhebung Namibias. In seinen verborgenen Tälern findet man die Zeugnisse längst verschwundener Kulturen. Niemand weiß mit Sicherheit, wer die unzähligen Felsmalereien gezeichnet hat. Seinen Namen hat der Brandberg zu recht, denn während der Sommermonate wird es in den engen Schluchten unerträglich heiß.

Namibias bekanntester Inselberg, die Spitzkopje, hat einen fernen Bruder, den Zuckerhut in Brasilien. Als Afrika und Südamerika noch eine Einheit bildeten, lagen diese beiden Gebiete nebeneinander, doch Gondwanaland teilte sich, die Kontinente drifteten auseinander, und die beiden Inselberge wurden für alle Ewigkeit getrennt. Auf der Spitzkopje finden sich Relikte aus der Vergangenheit, im 'Bushman's Paradise' kann man sogar Felsgravuren entdecken.

Infolge höherer Niederschläge ist die Vegetation im Damaraland üppiger als in der restlichen Namib. Hier leben unter anderem Bergzebras, Giraffen, Elefanten und Spitzmaulnashörner.

Heute leben sie meist als Hirten in kleinen Dörfern, manche arbeiten aber auch als Wildhüter der Naturschutzorganisation 'Save the Rhino Trust'. Es ist vor allem dieser von Blythe Loutit gegründete Organisation zu verdanken, aber auch der offiziellen Naturschutzbehörde von Namibia und den Bewohnern des Damaralandes, daß die vom Aussterben bedrohten Spitzmaulnashörner hier eine Heimat haben. Um sie für Wilderer wertlos zu machen, wird einigen Tieren das begehrte Horn abgesägt. Auch andere Arten profitieren vom Schutzprogamm, und vielleicht gelingt es, die ebenfalls bedrohten Schwarznasen-Impalas wie im Etosha-Nationalpark auch hier wieder anzusiedeln.

Weithin sichtbar markiert die Spitzkopje die südliche Grenze des Damaralandes. Der über fünfhundert Millionen Jahre alte Inselberg ragt unvermittelt aus der Hochebene. Die schroffen Felsspitzen aus Granit-Magma erscheinen in der untergehenden Sonne wie glühende Flammen. Auch dort haben die einstigen Bewohner ihre Spuren hinterlassen, im 'Bushman's Paradise' bei den Pondok-Bergen zum Beispiel kann man noch Reste von Felsgravuren entdecken. Als Narbe im Stein bleibt die Geschichte der San erhalten.

Bei Vollmond und vom roten Abendhimmel beleuchtet, glühen die Felsen der Spitzkopje wie Flammen. Der Bodengecko kommt jetzt aus seiner Höhle, die er sich jeden Morgen wieder neu in den Wüstensand gräbt. Bei Gefahr stellt das harmlose Reptil seinen Schwanz auf und imitiert einen giftigen Skorpion.

Zentrale Namib

ebenen des windes

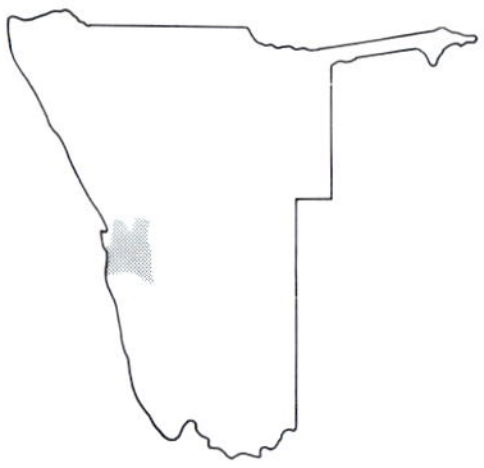

Kürzlich hat es ausnahmsweise geregnet in der zentralen Namib, und nun blüht die Wüste, ein Teppich aus Gräsern zieht sich bis zum Horizont. Die biegsamen Halme tanzen im sanften Wind, der die neuen Pflanzensamen auf seine lange Reise in die Einöde mitnimmt. Das frische Grün lockt Pflanzenfresser an: Heuschrecken klammern sich an die Gräser, Termiten zerschneiden Halme in kleine Stücke und transportieren diesen Vorrat zu ihrem Bau, auch ein paar Springböcke und Oryx genießen die saftige Kost.

Wie eine einsame Insel ragt die Felskuppe Bloedkopje aus diesen weiten Ebenen heraus. Das harte Granitgestein ist stark erodiert, und abgesprengte Felsplatten liegen wie Schuppen auf der Oberfläche, dazwischen verstecken sich Namib-Taggeckos vor der sengenden Sonne. Einst, als es in der Namib noch häufiger regnete, hat das Wasser in unermüdlicher Arbeit tiefe Rillen in den festen Stein gearbeitet, die bis zum Fuß der Bloedkopje hinabreichen.

Seltener Regen läßt die Wüste innerhalb kurzer Zeit blühen, und plötzlich erscheinen unzählige Insekten.

Der Inselberg ist das ganze Jahr über ein Ort des Lebens, denn selbst in der Trockenzeit kann man in seiner Umgebung Wasser finden. Von diesen guten Lebensbedingungen werden zahlreiche Tiere angelockt.

Wir haben Glück, in der Nähe unseres Camps eine verborgene Quelle zu entdecken, vor der Sonne gut geschützt. Ein schmaler Spalt führt zwischen den Felsen zum kühlen Wasser, eine willkommene Erfrischung! Doch wir sind nicht die ersten Entdecker: Termiten haben mit einer Mischung aus Speichel und Erde an den Felsen lange Tunnels gebaut, die wie Pipelines aus dunklen Spalten auftauchen und knapp über der Wasseroberfläche enden. Unermüdlich bringen die Termiten das Wasser zum Bau und versorgen damit die Königin und ihren Nachwuchs. Grüngoldene Kaulquappen wärmen sich in den wenigen Sonnenstrahlen, die durch die Felsspalten eindringen und einen kleinen Teil des Tümpels beleuchten.

Von der Bloedkopje hat man eine herrliche Aussicht und kann an klaren Morgen weit über die Namib blicken. An manchen Tagen dringt der Nebel von der Skelettküste her vor und bringt den Wüstenbewohnern die nötige Feuchtigkeit. Ein Palmatogecko leckt sich dann den morgendlichen Tau von seinen prachtvollen Augen.

Klare Spuren im feuchten Sand verraten uns, daß auch Paviane von der Wasserstelle wissen. Dieser winzige Tümpel, mit dem Lebenselexier der Wüstenbewohner, ist eines der Wunder der Namib – wir empfinden Respekt vor diesem außergewöhnlichen Ort.

Die Flüsse in der Namib führen nur periodisch Wasser, sind aber von großer Wichtigkeit. Oft liegt in ihnen der Grundwasserspiegel hoch, und so erreichen Pflanzen, wie der knorrige Kameldorn-Baum, mit ihren langen Wurzeln die feuchte Erdschicht. Als schmale Vegetationsgürtel ziehen sich die Trockenflüsse durch die Wüste und ermöglichen selbst großen Pflanzenfressern wie Elefanten und Spitzmaulnashörnern, bis in entfernte Gebiete vorzudringen.

Die Damara-Flughühner müssen täglich trinken und fliegen teilweise über enorme Distanzen zur nächsten Wasserstelle. Erdmännchen patrouillieren in trockenen Flußbetten auf der Suche nach Nahrung. Sie sind nicht sehr wählerisch und verspeisen selbst giftige Skorpione. Immer wieder unterbrechen sie ihr eifriges Graben und spähen in die Luft, um rechtzeitig den Angriff eines Raubvogels zu erkennen.

Namib-Taggeckos gehören zu den wenigen tagaktiven Geckos. An ihren breiten Zehen sind feinste Haare mit kleinen Widerhaken, die es dem flinken Reptil ermöglichen, selbst an glatten Felswänden zu klettern.

Weite Flächen und Inselberge bestimmen das Landschaftsbild in der zentralen Namib, gegen Osten wird die Wüste durch hohe Berge begrenzt. Die 'Welwitschia mirabilis' wächst nur in der Namib, eine seltsame Wüstenpflanze, die vom wandernden Nebel abhängig ist. Sie bildet ein eigenes kleines Ökosystem und bietet einzigartigen Käfern Schutz und Nahrung.

Wenn im Landesinnern heftiger Regen fällt, füllen sich die trockenen Flußläufe, und plötzlich fließt lehmiges Wasser durch die durstige Landschaft. Deshalb übernachten wir während der Regenzeit nie in einem der Flußbetten. Unsere Vorsicht zahlt sich aus: Gleich neben unserem Camp führt der Swakop-Fluß hinunter, und wir beobachten, wie er binnen weniger Minuten zu einem reißenden Strom wird und bis in die Nacht hinein rauscht...

"Tack, tack, tack...", ruft ein Gecko aus dem Eingang seiner Erdhöhle in die Nacht. Genau siebenmal wiederholt er sein lautes Bellen, das zwar Rivalen abschrecken, aber Weibchen anlocken soll. In den Nächten der Namib gibt es kein typischeres Geräusch. Immer wieder suche ich im Schein der Taschenlampe nach dem nur fingerlangen Reptil – ohne Erfolg! Kaum bewege ich mich in Richtung des Geräusches, verstummt es, und der Räuber verschwindet in seinem unterirdischen Versteck – mich läßt er allein im Dunkeln zurück. Während ich auf eine erneute Regung des Geckos warte, bewundere ich den Sternenhimmel. Über mir entdecke ich das Kreuz des Südens, das Seefahrern seit jeher zur Orientierung dient. Eine Sternschnuppe fällt mit langem Schweif und verblaßt, zurück bleibt mein Wunsch, einen bellenden Gecko zu finden. Auf die Erfüllung dieses Wunsches muß ich jedoch mehrere Monate warten...

Am Morgen werden wir durch die Ankunft eines Schwarmes von Damara-Flughühnern aufgeweckt, ihr wohlklingendes Rufen ist schon von Weitem gut hörbar. Täglich legen diese taubenähnlichen Vögel enorme Distanzen zur nächsten Wasserstelle zurück, und ihre Küken überlassen sie dem Schutz einer weiten Ebene. Die Männchen besitzen spezielle Brustfedern, die beim Baden das Wasser aufnehmen und selbst im Fliegen die Feuchtigkeit speichern. Nach langem Rückflug begibt sich der Vater zu seinen durstigen Küken, diese trinken aus den noch naßen Brustfedern.

Auf einer Fläche in der Nähe unseres Camps am Swakop wachsen seltsame Pflanzen. Die 'Welwitschia mirabilis' wurde 1860 vom Österreicher Friedrich Welwitsch entdeckt und erregte bei den Botanikern großes Aufsehen. Die Pflanze ist ein lebendes Fossil mit langer Evolutionsgeschichte. Vom kurzen Stamm sprießen nur zwei lange schmale Blätter, die spiralförmig am Boden entlangwachsen. Durch Trockenheit und Wind werden die fleischigen Blätter immer wieder gespalten. Sie sind für die meisten Tiere ungenießbar, das erklärt auch die hohe Lebenserwartung von über tausend Jahren. Der sporadisch durch die Wüste wandernde

Bis in die Trockenzeit hinein finden Leoparden, Paviane und viele andere Wüstentiere in den verborgenen Quellen Wasser. In diesen Tümpeln warten auch Kaulquappen auf das Ende ihrer Metamorphose.

In kurzer Zeit kann sich der trockene Swakop-Fluß in einen reißenden Strom verwandeln. Doch erst wenn es im Landesinnern lange regnet, führt der lehmige Fluß genug Wasser um schließlich in den Atlantik zu münden, der sich dann an der Küste schokoladenbraun färbt.

Rasch versickert das Wasser der temporären Flüsse im durstigen Boden und füllt die unterirdischen Reservoirs. Aber Pflanzen wie der Kameldorn-Baum können mit langen Wurzeln das Grundwasser erreichen und so überleben.

Nebel reicht aus, ihren spärlichen Wasserbedarf zu decken. Mit einem feinen Wurzelnetz, nur zehn Zentimeter unter der Oberfläche, zieht die Wüstenpflanze die Feuchtigkeit aus dem vom Nebel benetzten Boden. Doch nur in ergiebigen Regenjahren kann die Welwitschia keimen. Wie die Bestäubung zwischen männlichen und weiblichen Pflanzen zustande kommt, ist bis heute ungewiß. Die 'Welwitschia mirabilis' ist ein weiteres Wunder der Namib!

Tief in den kühlen, schattigen Schluchten der Naukluft befinden sich Tümpel. Dort leben Frösche und Fische. Um die Wasserstellen wachsen riesige Bäume, im Schilf sitzen Libellen und bewachen regungslos ihren Flugraum.

Die Oryx ist das charakteristische Tier der Namib und darum das Wappentier Namibias. Sie sind bestens ans Leben in der Wüste angepaßt und kommen monatelang ohne Wasser aus. Ihren Flüssigkeitsbedarf decken sie nur durch den morgendlichen Tau, die Feuchtigkeit der Gräser oder mit der wasserspeichernden Nara-Melone.

Sossusvlei

überleben im sand

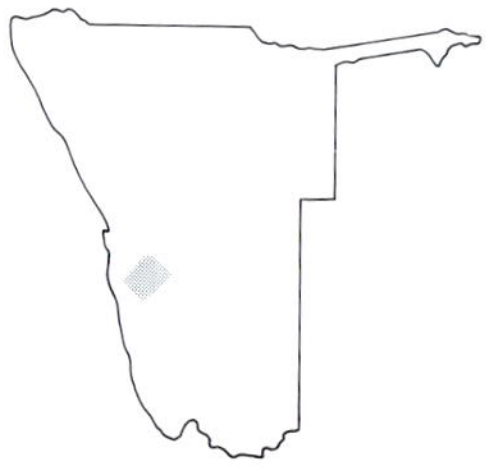

Eine Sandechse führt auf dem glühend heißen Sand ihren Thermo-Tanz auf; sie hebt die einander diagonal gegenüberliegenden Vorder- und Hinterbeine, wechselt alle paar Sekunden zum jeweils anderen Paar, legt sich dann auf den Bauch und hält alle Glieder hoch. Dieser Bewegungsablauf wird regelmäßig wiederholt. Übersteigt die Bodentemperatur jedoch vierzig Grad Celsius, nützt selbst der Thermo-Tanz nichts mehr, der Sandechse wird es zu heiß, und sie taucht in kühlere Sandschichten hinunter.

In den mehrere hundert Meter hohen Sterndünen der Namib findet man die merkwürdigsten und zugleich faszinierendsten Arten von Anpassung ans harte Leben in der Wüste. Viele Tiere sind in der Nacht aktiv und weichen so der Hitze des Tages aus.
Wie ein Fisch im Wasser schwimmt der fast blinde Goldmaulwurf auf der Jagd nach Eidechsen und Insekten durch den feinen Sand. Sein außerordentliches Gehör hilft ihm, die Beute im Dunkeln aufzuspüren. Dagegen schleicht der Palmatogecko mit katzenartigen Bewegungen durch die kühle Wüstennacht, zwischendurch putzt er sich mit der langen Zunge die prächtig gefärbten Augen. Die Haut zwischen seinen Zehen erleichtert ihm das Gehen und Graben im losen Sand. Die Falltüren-Spinne schießt überraschend aus ihrem unterirdischen Versteck und betäubt mit ihrem Gift eine vorbeilaufende Grille. Auch die Seitenwinder-Viper tötet ihre Beute mit Gift. Während der Jagd berührt sie die Oberfläche des Sandes nur an wenigen Punkten, schlängelnd hinterläßt sie ihre typischen Spuren. Die Viper trinkt den morgendlichen Tau, der sich zwischen den groben Schuppen ihres langen Körpers ansammelt. Der Nebel hilft auch dem Teneobrionid-Käfer zu überleben: Er stellt sich frühmorgens auf eine Dünenkante und trinkt die Wassertropfen, die sich auf seinem Körper bilden.

Nur mit ungewöhnlichen Verhaltensweisen kann die Sandechse im Sand der über dreihundert Meter hohen Dünen der Namib überleben.

Vor einem gewaltigen Hintergrund haben sich Oryx zu einer großen Herde versammelt. Ein seltener Anblick, denn ihre Nahrung wächst nur spärlich und selbst einzelne Tiere müssen lange nach Futter suchen.

Sand, Schatten und Licht bilden ein faszinierendes Spiel von Farben und Formen. Die Kreativität der wunderbaren Natur ist unbegrenzt: Das Landschaftsbild ändert mit der Bahn der Sonne und überrascht immer wieder von neuem.

Selbst im losen Sand des Dünenmeers wachsen Pflanzen und bieten den Wüstenbewohnern Schutz und Schatten. Die Melone der Nara-Pflanze speichert Wasser, ihr feuchtes Fruchtfleisch wird von Schakal, Springbock und Oryx gerne gefressen.

Eine einsame Oryx-Antilope wartet auf den neuen Tag, der nur Entbehrungen und unerträgliche Hitze bringen wird.

Die nächtlichen Aktivitäten der Tiere hinterlassen im Sand ein Spurenmuster, das am Morgen von einer ereignisreichen Nacht erzählt.

Im Morgengrauen sind wir vom Camp bei Sesriem losgefahren und werden in einer guten Stunde Sossusvlei erreichen, eine trockene Lehmpfanne inmitten der Dünen. Die sechzig Kilometer lange Piste folgt dem ausgetrockneten Flußbett des Tsauchab. Wenn in den östlich gelegenen Naukluft-Bergen viel Regen fällt, kann sich der Tsauchab füllen. Dann durchbricht das Wasser die Sandbarrieren und füllt das Sossusvlei. Der so entstandene See lockt eine Vielzahl von Wasservögeln an. Aber dieses Schauspiel ereignet sich nur selten, noch seltener fällt Schnee – aber selbst das passiert. Die Namib steckt voller Überraschungen!

Verborgen zwischen hohen Sterndünen liegt die 'Dead Vlei'; der mit Rissen durchzogene lehmige Grund eines seit langer Zeit ausgetrockneten Sees. Abgestorbene Akazien zeugen vom einstigen Wasser. Bei untergehender Sonne nimmt der Sand unerwartete Farben an.

Wir haben das Dünenmeer erreicht und müssen für das letzte Stück den Allradantrieb zuschalten, denn es geht durch tiefen Sand. Am Sossusvlei angekommen, lassen wir unseren Wagen im Schatten einer Akazie stehen und wagen uns in den Irrgarten von Sand, Schatten und Licht.

Am Fuß einer hohen Sterndüne sehen wir den Wind mit Detritus spielen, kleinsten Teilen abgestorbener Pflanzen und Tiere. Diese aus dem Landesinnern hergewehten Partikel bilden wohl die wichtigste Grundlage in der Nahrungskette der hier lebenden Tiere.

Mit Schuhen voller Sand stapfen wir die Düne hinauf und hinterlassen dabei tiefe Spuren, die aber bald vom heißen Wind verwischt werden. Beim Aufstieg begegnen wir unterhalb der windgeschützten Dünenkante kleinen Teneobrionid-Käfern und jagenden Sandechsen. Oben eröffnet sich ein herrlicher Ausblick: endlos ineinander verschachtelte Sterndünen mit der für die Namib typisch rötlichen Färbung. Sand, Sand und nichts als Sand...

Ein Schluck aus der Feldflasche löscht den Durst, bevor wir uns auf dem Weg zum 'Dead Vlei' machen, einem seit unbekannter Zeit ausgetrockneten kleinen See inmitten der Dünen. Es dauert eine Weile, bis wir das zwischen den hohen Dünen versteckte Vlei finden. Dann bietet sich uns ein fast surrealistisches Bild: Uralte Akazien, zu Skeletten ausgetrocknet, stehen wie kunstvolle Statuen auf dem von Rissen durchzogenen Lehmboden. Eine theatralische Stille liegt über dem von Sand eingekesselten 'Dead Vlei', einem römischen Amphitheater gleich, in dem wir die einzigen Zuschauer sind.

Sossusvlei ist eine Oase inmitten der Dünen, alle paar Jahre füllt sich eine kleine Lehmpfanne mit Wasser.

Südliche Namib

diamant des landes

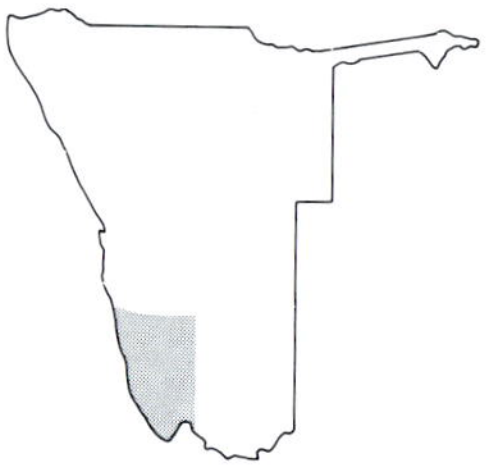

In der offenen Tür liegt hoher Sand, so daß wir beim Betreten des verfallenen Hauses unsere Köpfe einziehen müssen. Es dauert eine Weile, bis sich unsere Augen an das Dämmerlicht gewöhnt haben. Dann erkennen wir in dem leeren Raum den schwarz-weiß gekachelten Boden, Farbe blättert von den Wänden ab, und an der hohen Decke baumelt eine verstaubte Glühbirne. Irgendwo schlägt ein Fensterladen im Takt gegen die Hauswand, der dumpfe Ton wandert durch die einsamen Zimmer. Vor uns ist eine Holztreppe, die in das unbekannte Dunkel des oberen Stockwerks führt. Schritt für Schritt tasten wir uns vorsichtig hinauf, dabei knarren die vom heißen Wüstenwind ausgetrockneten Treppenstufen bedenklich unter unserem Gewicht. Sonnenstrahlen dringen durch die vielen Löcher im Dach und werden von den goldfarbenen Tapeten reflektiert. Ein Rabe, dem unsere Anwesenheit mißfällt, fliegt laut krächzend davon, einem neuen Ruheplatz entgegen. Wir schauen durch die zerbrochenen Fensterscheiben nach draußen und überblicken Kolmanskuppe, die Geisterstadt inmitten der Dünen.

Zwischen einigen Häusern, von denen teilweise nur noch die Dächer sichtbar sind, führt eine kleine Eisenbahnlinie die ehemalige Hauptstraße entlang und endet abrupt in der Wüste. Eine Stadt versinkt unaufhaltsam im Sand: Die Namib holt sich ihr Land wieder zurück!

Kolmanskuppe wurde 1908 von deutschen Pionieren gegründet, nachdem ein Arbeiter der Eisenbahngesellschaft in der Nähe einen Diamanten entdeckt hatte. Bald förderte die Minenstadt zwanzig Prozent der Weltproduktion dieser wertvollen Edelsteine zu Tage, und so erhöhte sich auch der Lebensstandard in der Wüstenstadt: Man baute eine Schule, eine Bäckerei, eine Schlachterei und einen prachtvollen Festsaal. Dieser diente gleichzeitig als Turnhalle, und im Keller entstand sogar eine Kegelbahn. Für die wohlhabenden Direktoren der Gesellschaft errichtete man auf den Hügeln herrschaftliche Jugendstil-Villen.

Köcherbäume wachsen vor allem im südlichen Teil der Namib. Der Leuchtturm bei Lüderitz warnt die Seefahrer vor der rauhen Küste.

Lüderitz ist eine romantische Hafenstadt an der Diamantenküste, mitten im Sperrgebiet der CDM.

Sogar ein Schwimmbad gab es, das über eine Pipeline mit Salzwasser von der zwanzig Kilometer entfernten Elisabethbucht versorgt wurde. Die fast ausschließlich deutschen Arbeiter lebten mit ihren Familien in Reihenhäusern, für Junggesellen gab es separate Quartiere.

"Tagelang hat mein Vater mit seinen Freunden im Festsaal gefeiert", erinnert sich Sigi Mans, der seine Kindheit in der blühenden Diamantenstadt verbrachte. Der alte Südwestler zeigt uns sein Elternhaus und unterhält uns dabei mit amüsanten Geschichten aus der kolonialen Vergangenheit. Immer wieder dreht er rostige Wellbleche und Bretter um, die auf dem Boden liegen. "Ich suche Skorpione, das habe ich schon als Kind immer getan", erklärt er uns, "damals waren wir richtige Lausebengel und haben mit den giftigen Insekten in der Schule Streiche gespielt!"

Heute lebt Sigi Mans im nahen Lüderitz, einer idyllischen Hafenstadt am Fuße des Diamantenberges, eingebettet in die grauen Felsen der Küste. Die nach ihrem Gründer, dem Deutschen Adolf Lüderitz, benannte Stadt profitierte bis zum Zweiten Weltkrieg von den reichen Funden der nahegelegenen Minen. Danach verhinderte zwar die Fischindustrie mit den großen Langustenfabriken das gleiche Schicksal, doch die wirtschaftliche Bedeutung sank, vorbei waren die glorreichen Tage der Kolonialzeit. Lüderitz geriet immer mehr in Vergessenheit...

Mit großer Sorgfalt wurden die Fenster der Felsenkirche restauriert, von deren Turm man die ganze Stadt überblicken kann.

Unsere Reise durch Namibia endet am Oranje, dem Grenzfluß zu Südafrika. Der mächtige Strom gräbt auf seinem langen Weg zum Atlantik tiefe Schluchten in die Wüste. Schon seit Millionen Jahren schwemmt der Oranje aus dem Landesinnern Sand und Diamanten in den Atlantik. Die eisenhaltigen Sandkörner werden von der unruhigen See an den Strand

gespült, dort oxydieren sie und bekommen eine rötliche Färbung. Dann bläst der kräftige Südwestwind den Sand ins Landesinnere, wo er sich schließlich im uralten Dünenmeer sammelt: Die Namib wächst.

Kaum eine andere Wüste bietet solch eine landschaftliche Vielfalt und solchen Artenreichtum von Tieren und Pflanzen. Es sind vor allem die extremen Gegensätze und Abhängigkeiten, die die Namib zum faszinierenden Naturereignis machen.

Zwei Jahre lang bereisten wir das Land, nur ein kurzer Moment in der Geschichte der Namib, für uns jedoch unvergeßlich. Wir hoffen, daß dieses wunderbare Gebiet mit seinen einzigartigen Bewohnern und Besuchern am Leben bleibt und seine Ursprünglichkeit bewahrt.

Schon fast unheimlich ist die Geisterstadt Kolmanskuppe. Verlassene Häuser werden langsam vom Sand zugedeckt, von manchen ist gar nur noch das Dach zu sehen. Möbel und Haushaltgeräte mitten in den Ruinen erinnern an die glorreichen Tage der ehemaligen Diamantenstadt.

Ein Ovambo fischt im kalten Wasser des Oranje, er arbeitet in einer nahen Farm. Das Gestein, durch das sich der Oranje gefressen hat, ist über eintausendeinhundert Millionen Jahre alt. Der mächtige Strom mit seinen tiefen Schluchten hält die Namib auf und bildet die Grenze zu Südafrika. Die Flachechse, die Gegnern mit ihrer türkisblauen Unterseite Eindruck zu machen versucht, sonnt sich am Rand des 'Fish River Canyon'. Durch diese eindrucksvolle Landschaft fließt der einzige ganzjährige Fluß innerhalb Namibias.

Geographie Klima

Fläche: 824'290 km^2.

Lage: im Südwesten Afrikas, zwischen dem 17. und 29. Grad südlicher Breite.

Nachbarländer: Angola und Sambia im Norden, Botswana im Osten sowie Südafrika im Süden.

Küstenlinie: ca. 1´500 km lang, vom Benguela-Strom des Atlantiks umspült.

Hauptstadt: Windhoek, in der geographischen Mitte des Landes.

Landverteilung: Busch- und Grasland 54%, Wald 1%, Wüste und Halbwüste 44%, Feuchtgebiete 1%. Etwa die Hälfte des Landes besteht aus Ebenen.

Seen: Guinas, Otjikoto, Etosha (füllt sich nur in regenreichen Jahren).

Ganzjährige Flüsse: Kunene (Grenzfluß zu Angola, mündet in den Atlantik), Kwando, Linyanti, Okavango, Fishfluß (einziger ganzjährig wasserführender Fluß innerhalb Namibias), Oranje (Grenzfluß zu Südafrika, mündet in den Atlantik).

Große Trockenflüsse: Hoanib, Hoarusib, Ugab, Swakop, Kuiseb; diese Flüsse führen nur nach heftigen Regenfällen Wasser. Wegen des hohen Grundwasserspiegels in den Trockenflußbetten sind sie als Oasen für die Tiere und Pflanzen der Wüste wichtig.

Wasserfälle: Am Kunene: Epupa, Ruacana (einziges Wasserkraftwerk des Landes).

Gebirge: Brandberg (2'608 m), Auas (2'484 m), Erongo (2'350 m), Karas (2'202 m), Khomas-Hochland (2'347 m), Spitzkopje (1'829 m) .

Topographie: Namibia kann man in Ost-West-Richtung in drei Regionen unterteilen: Die *Kalahari* im Osten, ein große Ebene geprägt durch tiefrote Längsdünen. Im mittleren Landesteil liegt das *Zentrale Hochland,* mit weiten Ebenen auf Höhen zwischen 1´000 und 2´000 m. Das Hochland geht nach Westen über in einen zerküfteten Gebirgsabfall, dem Eskarpment. Westlich dieses Abfalls - 1'000 m tiefer - folgt dann die bis zu 100 km breite *Küstenebene* der Namib-Wüste.

Klima des nördlichen Hochlandes: *Regenzeit* im Süd-Sommer von November bis April, die Niederschlagsmenge variiert zwischen 200 mm und 600 mm pro Jahr. Die Nächte sind warm, am Tag steigt das Thermometer über 40 °C. *Trockenzeit* im Süd-Winter von Mai bis Oktober, die Temperatur kann in der Nacht auf minus 10 °C sinken und am Tag auf 30 °C ansteigen.

Klima des südlichen Hochlandes: *Regenzeit* im Süd-Winter. Bei starken Südwinden kann das kalte feuchte Wetter bis nach Windhoek ins Zentrale Hochland wandern.

Klima der Küstenebene: Durchschnittliche Niederschlagsmenge von 50 mm pro Jahr, an manchen Orten nur 3 mm. Etwa an 60 Tagen im Jahr wandert der Küstennebel bis zu 100 km in die Namib. Die Tagestemperatur an der Küste liegt das ganze Jahr über bei etwa 18°C.

Südwester-Wind: Bläst meistens nachmittags zu jeder Jahreszeit kalte Meeresluft in die Wüste hinein. Durch diesen Wind wird auch der Küstennebel in die Namib getrieben.

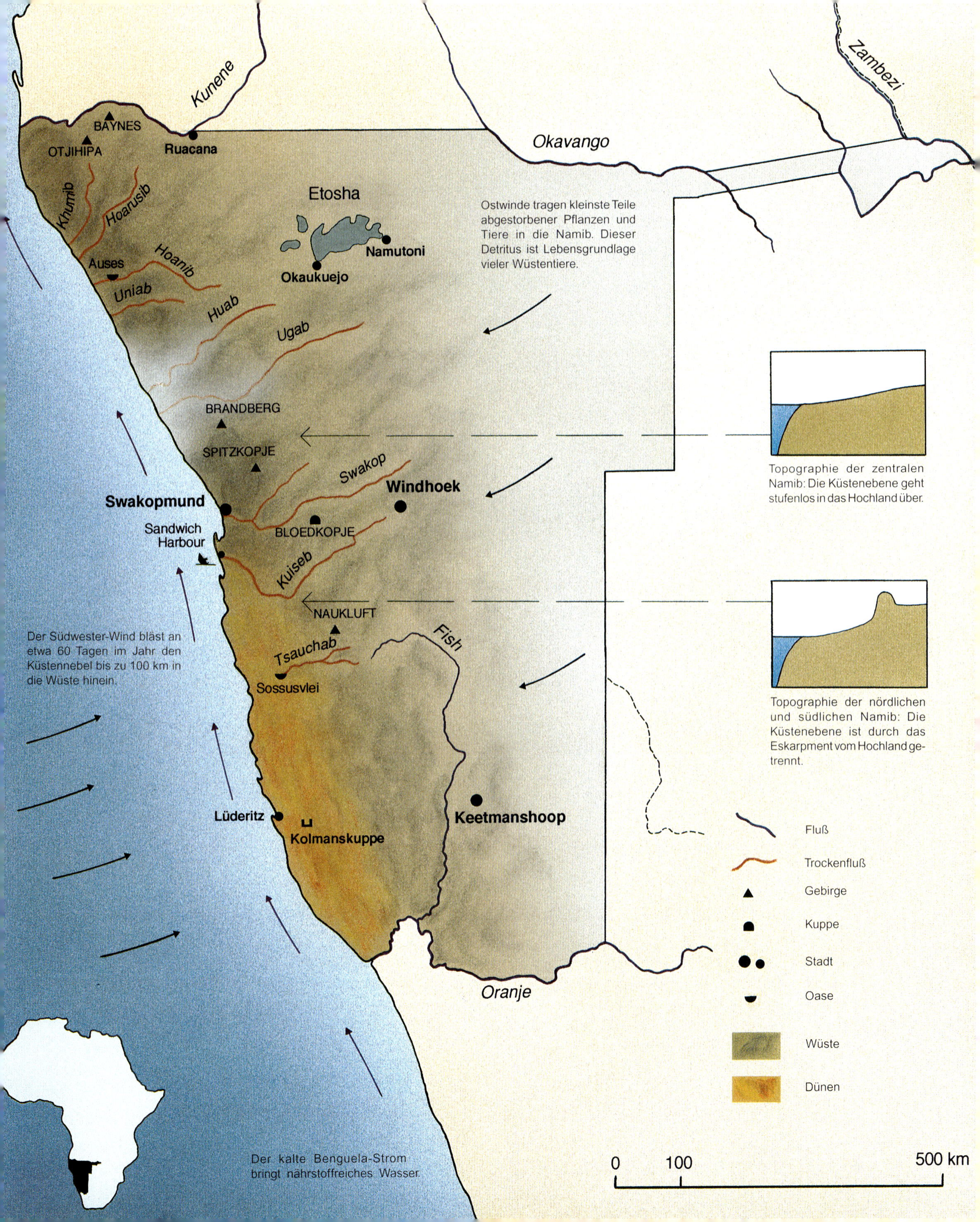

Kunene
BAYNES
OTJIHIPA
Ruacana
Okavango
Zambezi
Etosha
Namutoni
Okaukuejo
Khumib
Hoarusib
Hoanib
Auses
Uniab
Huab
Ugab
Ostwinde tragen kleinste Teile abgestorbener Pflanzen und Tiere in die Namib. Dieser Detritus ist Lebensgrundlage vieler Wüstentiere.
BRANDBERG
SPITZKOPJE
Swakop
Windhoek
Swakopmund
Sandwich Harbour
BLOEDKOPJE
Kuiseb
Topographie der zentralen Namib: Die Küstenebene geht stufenlos in das Hochland über.
NAUKLUFT
Fish
Tsauchab
Sossusvlei
Der Südwester-Wind bläst an etwa 60 Tagen im Jahr den Küstennebel bis zu 100 km in die Wüste hinein.
Topographie der nördlichen und südlichen Namib: Die Küstenebene ist durch das Eskarpment vom Hochland getrennt.
Keetmanshoop
Lüderitz
Kolmanskuppe
Oranje
Fluß
Trockenfluß
Gebirge
Kuppe
Stadt
Oase
Wüste
Dünen
Der kalte Benguela-Strom bringt nährstoffreiches Wasser.
0
100
500 km

Geschichte

Vor 7000 Jahren: Urbewohner ritzen Szenen aus ihrem Leben in die Felsen der Berge.

Etwa 12. Jahrhundert: An der Mündung des Flußes Ugab bauen 'Strandloiper' aus Walrippen ihre Hütten. Sie sind Jäger und Sammler, möglicherweise mit den San-Buschleuten verwandt.

1486: Der Portugiese Diego Cão ankert am heutigen Kreuzkap, er ist der erste Europäer an der rauhen Skelettküste.

Zwischen 14. und 16. Jahrhundert: Bantusprachige Stämme, Ovambo und Herero, wandern aus dem Norden nach Namibia. Sie verdrängen schließlich die San und Heikum.

Mitte 19. Jahrhundert: Erster Vorstoß holländischer und englischer Siedler aus der Kapprovinz im Süden; diesen Pionieren folgen Farmer, Jäger und Missionare. Zwischen den Nama im Süden, den Herero im Norden und den Europäern entsteht ein reger Handel. Bald gibt es Interessenkonflikte zwischen diesen Gruppen. Die weißen Siedler verlangen deshalb Schutz durch ihre Regierungen, vor allem aber trachten sie nach der Herrschaft über das Land. Doch weder die englische Krone noch die Kapregierung wollen ihre Landsleute unterstützen.

1878: England annektiert Walvis Bay.

1884: Aufgrund eines Hilfesgesuchs des deutschen Adolf Lüderitz erklärt Bismarck die ein Jahr zuvor gekauften Nama-Gebiete zum Protektorat Deutschlands. Es folgt die deutsche Kolonialisierung Südwestafrikas.

1904: Ein Aufstand der Herero wird von deutschen Schutztruppen niedergeschlagen.

1907: Der Krieg gegen einheimische Stämme wird beendet.

1915 (Ersten Weltkrieg): Einmarschierende Südafrikaner zwingen die Schutztruppen zur Aufgabe, es ist das Ende der deutschen Kolonialzeit im ehemaligen Südwestafrika.

1920: Südafrika erhält durch den Völkerbund das Mandat über Südwestafrika. Die Buren siedeln sich vor allem im Süden des Landes an und bauen die Infrastruktur des Landes weiter aus. Deutsche Südwestler werden von den neuen Herren geduldet und bleiben in der Wirtschaft weiterhin einflußreich.

Nach dem Zweiten Weltkrieg: Der Sicherheitsrat der neu gegründeten UNO verlangt für Namibia das Selbstbestimmungsrecht und verabschiedet eine Resolution, wonach die Bürger Namibias das Recht auf freie Wahlen haben. Es folgt ein jahrelanges politisches Tauziehen zwischen den Südafrikanern und der UNO. Die Freiheitskämpfer der SWAPO führen einen blutigen Buschkrieg gegen die Buren.

1989: Erste freie Wahlen, in der die SWAPO die absolute Mehrheit erhält.

1990: Sami Nuoma wird zum ersten Präsidenten der Republik Namibia gewählt.

1994: Südafrika übergibt die Enklave Walvis Bay an Namibia.

Staatsform: Republik.

Unabhängigkeit: 21. März 1990.

Erster Präsident: Sami Nuoma.

SWAPO: Die ´South West African People Organisation´ wurde 1960 von Sami Nuoma und seinen Anhängern gegründet. Bis zur Unabhängigkeit führten die Partei und ihre Freiheitskämpfer einen politischen und bewaffneten Krieg gegen die südafrikanische Mandatsregierung. Die SWAPO operierte aus dem Exil und wurde schließlich von der UNO als offizielle Vertretung der namibischen Bürger akzeptiert. Bei den ersten freien Wahlen ging die SWAPO als eindeutige Siegerin hervor.

Politik Wirtschaft

Wirtschaftsübersicht: Namibia ist stark von seinen Bodenschätzen abhängig, deren Abbau etwa 25% des Bruttosozialproduktes ausmachen. Namibia gehört zu den weltgrößten Exporteuren von Rohstoffen, vor allem Uran. Entlang der Küste nördlich der Grenze zu Südafrika befindet sich eines der reichsten Diamantenvorkommen der Welt. Die Diamanten haben überwiegend Schmuckqualität. Über die Hälfte der Bevölkerung jedoch lebt von traditioneller Landwirtschaft. Der stetig zunehmende Tourismus entwickelt sich zu einer weiteren Haupteinahmequelle des Landes.

Export: Uran, Diamanten, Zink, Kupfer, Rindfleisch, Fisch, Karakul-Felle (Persianer).

Import: Lebensmittel, Treibstoff, Maschinen.

Währung: Namibian Dollar (seit 1993).

Industrie: Fleisch- und Fischverarbeitung, Milchprodukte, Bergbau.

Uran: Die Rössing-Uranmine bei Swakopmund ist der größte Arbeitgeber des Landes. Das Unternehmen deckt mit seinen Steuern rund ein Fünftel des Staatshaushaltes. Doch die Produktionskapazität ist nur teilweise ausgelastet, denn der Preis und die Nachfrage nach Uran sind auf dem Weltmarkt stark gesunken.

Diamanten: Die ´Consolidated Diamond Mine, die CDM, ist ebenfalls ein großer Arbeitgeber und Devisenbringer Namibias. Der mächtige Diamantenkonzern besitzt im Süden des Landes eine eigene Stadt, Oranjemund. Aufgrund eines im Jahr 1923 mit der südafrikanischen Regierung abgeschlossenen Vertrages hat die CDM bis ins Jahr 2010 die Alleinschürfrechte im Diamanten-Sperrgebiet.

Fischerei: Die Gewässer vor der Küste wurden bis 1990 von ausländischen Fischkuttern völlig überfischt, da es an einer Schutzzone und einer Quotenregelung mangelte. Die überalterte Fischindustrie hat nur eine kleine wirtschaftliche Bedeutung, möglicherweise erhält sie durch die Übergabe der südafrikanischen Enklave Walvis Bay an Namibia einen Aufschwung.

Tourismus: Die Zahl der Touristen nimmt stetig zu, sie bringen dringend benötigte Devisen ins Land.

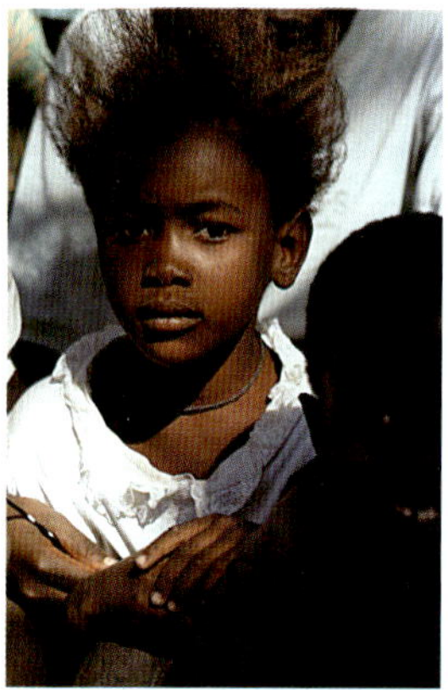

Menschen

Bevölkerung: ca. 1,7 Millionen, davon leben fast eine Million im fruchtbaren Norden Namibias.

Religion: etwa 90% Christen.

Sprachen: Die offizielle Landessprache ist Englisch. Es gibt aber noch viele afrikanische Sprachen und Dialekte. Die meisten weißen Namibier sprechen deutsch oder afrikaans.

Urbevölkerung: San, Nama und wahrscheinlich auch Damara.

San: Einst naturverbundene Jäger und Sammler, die ihre nomadische Lebensweise jedoch aufgeben mussten. Heute leben sie vor allem im nordöstlichen Namibia. Auffallend ist ihre Sprechweise mit den vielen Klick- und Schnalzlauten, es ist die uralte Khoi-Sprache.

Nama: Gehören ebenfalls zu den khoisprachigen Menschen und sind im Aussehen den San sehr ähnlich. Sie leben im Süden des Landes bis hinab in die Kapprovinz Südafrikas.

Topnaar: Leben teilweise in der Wüste der zentralen Namib, sie sind mit den Nama eng verwandt.

Damara: Die Herkunft dieser Hirten ist noch unbekannt, auch sie gehören der khoisprachigen Gruppe an, unterscheiden sich jedoch im Aussehen von den San und Nama.

Herero: Stolze, bantusprachige Hirten. Sie sind im südlichen Kaokoland und vor allem im ehemaligen Hereroland seßhaft. Die Frauen fallen durch ihre bunten Röcke und Hüte auf.

Himba: Die heute noch traditionell lebenden Nomaden sind sehr eng mit den Herero verwandt. Die Himba sind Rinderhirten und wandern durch das unwegsame Kaokoland, sie gehören zu Afrikas letzten Nomaden. Ihre typisch ockerrote Erscheinung erhalten sie durch Einreiben mit einem Gemisch aus Butterfett und eisenhaltiger Erde.

Ovambo: Diese nördlich von Etosha lebenden Ackerbauern und Hirten stellen die größte Bevölkerungsgruppe des Landes. Im Ovamboland gibt es aufgrund der stetig steigenden Bevölkerungszahlen große Probleme mit der Wasserversorgung; zudem wird das Land stark überweidet.

Kavango und Caprivies: Sie sind wie die Herero und die Ovambo von Norden nach Namibia eingewandert und werden den bantusprachigen Stämmen zugeordnet. Im Kavango-Gebiet und dem Caprivi-Zipfel leben sie in kleinen Dörfern aus Strohhütten eng beieinander. Die Caprivies leben im äußersten Osten des Caprivi-Zipfels.

Rehobother Baster: Für die in Rehoboth siedelnden Mischlinge ist der Begriff Baster keineswegs ein Schimpfwort, sie sind stolz auf ihre Herkunft.

Weiße: Viele haben deutsche, englische oder südafrikanische Vorfahren. Auch wenn sie nur einen kleinen Teil der Bevölkerung stellen, ist ihr Wissen und Einfluß für die Wirtschaft des Landes unverzichtbar.

Natur

In Namibia leben 154 verschiedene Arten von Säugetieren und 640 Vogelarten. Unzählige Reptilien und Insekten bevölkern eine Fülle blühender Pflanzen. Diese Vielfalt ist besonders erstaunlich in Anbetracht der unwirtlichen Landschaft.

Etwa zwölf Prozent des Landes stehen unter Naturschutz, so ist der Namib-Naukluft-Park eines der größten Naturreservate der Welt. Riesig ist auch der Etosha-Nationalpark, eines der beeindruckensten Tierparadiese Afrikas: Über 2'500 Elefanten, aber auch Löwen, Geparde, Zebras, Gnus und viele andere Savannentiere finden um die Etosha-Pfanne einen Lebensraum.

Einzigartig ist vor allem die Flora und Fauna der Namib, keine andere Wüste kann sich mit ihr messen. Nur in den Dünen von Namibia findet man den nebeltrinkenden Tenebrionid-Käfer oder die fast blinden Goldmullen. Hier tanzen Eidechsen auf dem heißen Sand, Vipern schlängeln sich seitwärts über die Dünen, und Spinnen verschließen ihren Höhleneingang mit einer Falltür. Der Sand in der Namib lebt! Über die weiten Ebenen des zentralen Hochlandes wandern Strauße, Springböcke und Oryx-Antilopen. Sie sind echte Wüstentiere und brauchen kein Wasser, ihnen reicht die Feuchtigkeit in der Nahrung zum Überleben. In den Oasen der trockenen Flußläufe graben Elefanten nach Wasser, seit Generationen wissen sie an welchen Stellen der Grundwasserspiegel nahe der Oberfläche liegt. Dank den von Elefanten gegrabenen Wasserlöchern können auch andere Tiere in den Trockenflüssen leben: Kudus, Warzenschweine, Paviane und selbst die bedrohten Spitzmaulnashörner. Der Atlantik steht im Kontrast zur Wüste. Im kalten Benguela-Strom schwimmen Delphine und Wale. In dem nährstoffreichen Wasser gibt es große Fischschwärme. An den Stränden der Skelettküste versammeln sich Pelzrobben, Pelikane, Pinguine, Kormorane. In den Lagunen durchsieben Zehntausende von Flamingos das brackige Wasser nach kleinen Krebsen.

Botaniker finden in Namibia seltsame Pflanzen: Etwa die bis eintausend Jahre alt werdende 'Welwitschia mirabilis' oder die wasserspeichernde Nara-Melone. Nur an der Skelettküste findet man die raren 'Lithops'; der eindrucksvolle Köcherbaum hingegen wächst vor allem im Süden des Landes.

All diese Naturwunder haben einen ausreichenden Schutz verdient. Glücklicherweise ist Namibia bezüglich des Naturschutzes ein sehr fortschrittliches Land, viele der Wildhüter und Wissenschaftler sind kompetent und haben große Erfahrung. Natürlich gibt es auch Probleme, denn nicht immer lassen sich die wirtschaftlichen Interessen eines Landes mit der Natur in Einklang bringen, bittere Entäuschungen werden nicht ausbleiben.

Als erste Nation der Welt hat Namibia den Naturschutz in die Verfassung aufgenommen. Die Regierung muß sich jedoch dieser Verantwortung bewußt bleiben und die nötigen Mittel zur Verfügung stellen.

Ich arbeite mit drei Nikon F4 und sieben verschiedenen Objektiven. Meine bevorzugten Brennweiten sind das lichtstarke Tele 300mm/2.8 und im Weitwinkelbereich das 20mm/2.8.

Für die Wahl der Kamera und ihrer Ausrüstung gibt es keine generellen Regeln. Wichtig sind einfache Bedienung und Zuverlässigkeit, denn oft hat man für ein gutes Bild nur wenig Zeit. Darum sollte man das Einlegen des Filmes, wechseln der Objektive, messen der Belichtung und das Scharfstellen 'im Schlaf' beherrschen.

Fotografie

Beim Fotografieren aus dem Wagenfenster habe ich die Kamera auf einen mit Hirse gefüllten Stoffbeutel gelegt, ansonsten zog ich es vor, mit einem schweren Stativ zu arbeiten. Im Durchschnitt habe ich pro Tag einen Film belichtet, entweder Kodachrome 64 Professional oder Fuji Velvia.

Die Technik spielt zwar eine wichtige Rolle, sie sollte sich aber der kreativen Bildgestaltung unterordnen. Die Komposition sollte den Blick eines Betrachters zum Hauptthema des Bildes lenken. Ein gutes Foto hat entweder eine klare Aussage, überrascht durch einen ungewöhnlichen Blickwinkel oder konzentriert sich auf ein kleines Detail. Weniger ist oft mehr!

Bei Aufnahmen von Menschen frage ich generell um Erlaubnis. manchmal bezahle ich dafür. Auf alle Fälle sollte man nicht einfach aus dem Wagen steigen, jemanden ungefragt fotografieren und dann wieder wegfahren! Mit einem ehrlichen Lachen und dem nötigen Respekt kann man bei einem Menschen viel erreichen. Das wichtige an einem Portrait sind die Augen, auf ihnen sollte die Schärfe liegen. Damit ein unruhiger Hintergrund nicht ablenkt, wähle ich bei meinem 105mm Objektiv meist Blende 5,6 und erhalte so eine kleine Tiefenschärfe.

Gute Tieraufnahmen brauchen viel Glück und Geduld. Je mehr man über das Verhalten der einzelnen Tiere weiß, desto interessanter werden die Bilder. Ich versuche bei Tierbildern, die Umgebung mit einzubeziehen, um auch gleichzeitig den jeweiligen Lebensraum zu zeigen. Reine Tierportraits macht man besser im Zoo. Tiere sind entweder scheu oder gefährlich, nur wenigen kann man sich problemlos nähern; deshalb werden die meisten Tierbilder mit einem Teleobjektiv geschossen. Doch gerade bei Kleintieren ist es möglich mit dem Weitwinkel zu fotografieren und so einen ungewöhnlichen Blickwinkel zu erhalten.

Licht und Komposition bestimmen eine dramatische Landschaftsaufnahme: Ich fotografiere nur am Morgen oder am späteren Nachmittag, um das schöne Streiflicht auszunützen. Selbst bei einer grandiosen Landschaft suche ich nach einem interessanten Vordergrund, dieser sollte den Blick des Betrachters zum Hintergrund lenken.

Reisen

Reisen in Namibia ist einfach und sicher. Das Land ist der Traum jedes Individualtouristen: Besucher können problemlos Fahrzeuge mieten oder kaufen und auf dem guten Straßennetz selbst mit einem Personenwagen in die Wüste fahren. Die meisten Naturreservate haben Unterkünfte, bei den Zeltplätzen gibt es Duschen und Küchen. Außerhalb der Parks kann man auch 'wild' campieren. Eine jährliche Broschüre der namibischen Touristikbehörde gibt Auskunft über Preis und Einrichtung der verschiedenen Camps. Private Hotels und vor allem Gästefarmen werden dank exklusivem Service immer beliebter.

Die Bustouren der nationalen Reiseorganisationen sind ebenfalls ein guter Weg, das Land kennenzulernen, denn sie werden von landeskundigen Führern geleitet. Neben den großen Unternehmen gibt es kleine Safariorganisationen, die für kleine Gruppen auch individuelle Reiseprogramme zusammenstellen, selbst in das unwegsame Kaokoland.

Eine Reise beginnt meist in Windhoek, dessen Flughafen vierzig Kilometer außerhalb liegt. In der Hauptstadt bieten viele Geschäfte ausgezeichnete Dienstleistungen und Angebote nach europäischem Standard. Selbst eine längere Reise läßt sich vor Ort ohne Probleme in kurzer Zeit organisieren, während der Hochsaison lohnt es sich jedoch die Unterkünfte rechtzeitig zu reservieren.

Viele Namibier sprechen englisch, deutsch oder afrikaans. Sie sind meist zuvorkommend und freundlich, auch wenn ihre Ruhe gestreßte Touristen etwas aus der Faßung bringen kann. Die Beziehungen zwischen den verschiedenen Bevölkerungsgruppen sind komplex und für 'Nicht-Namibier' schwer verständlich, man sollte daher nicht vorschnell Urteile fällen. Touristen kommen oft nur mit Menschen der Reisebranche in Kontakt, was ein falsches Gesamtbild des Landes vermitteln kann.

Namibias Natur ist sensibel und ihre Ökosysteme schnell zerstörbar. Darum beobachten Wissenschaftler und Wildhüter schon seit Jahrzehnten Flora und Fauna des Landes. Aufgrund ihrer Empfehlungen sind in den Nationalparks Regeln aufgestellt worden. Auch wenn die Gründe dieser Einschränkungen manchen unverständlich scheinen, sollten sie befolgt werden. "Verlassen Sie mit Ihrem Fahrzeug nicht die Straße!" ist einer der dringlichsten Aufrufe der Naturschutzbehörde. Die schweren Allradfahrzeuge beschädigen Lebensgrundlage von Tieren und Pflanzen, abgesehen von der ästhetischen Zerstörung der Landschaft.

Lassen Sie sich bei der Erkundung Namibias viel Zeit! Ein Spaziergang in der Wüste kann zu einem unvergeßlichen Erlebnis werden: Noch monatelang träumen Sie von den faszinierenden Landschaften, wundervollen Pflanzen, unzähligen Tieren und interessanten Menschen...

Fotograf/Autor Mark Müller und seine Freundin Yvonne Camenzind geniessen ein Bad in der Sesriem-Schlucht inmitten der Namib-Wüste.
1991 verschiffte das Schweizer Paar einen Geländewagen nach Namibia. In den folgenden zwei Jahren erkundeten sie das Land. Bald wurden sie von der Wüste und ihren Bewohnern fasziniert.
Mit eindrücklichen Fotos und einem persönlichen Text vermitteln sie den Zauber der Namib-Wüste.

Danksagung

Für ihre Freundschaft und Hilfe danken wir besonders: Claudia und Markus Dehler, Jan und Johan Le Roux, Ute und Klaus von Ludwiger, Lenny und Rolf Gütschow.

Jan und Olle Friede, Laurna und Rob Davis zeigten uns die Skelettküste.

Werner lud uns zu seiner unvergesslichen Hochzeit ein.

Außerdem danken wir: Annette und Klaus Scheurich, Peter Brotherton und Anna Rhodes, Vera und Michael Leech, Woulter Hugo, Klaus Deite, Vossie, den Mitarbeitern von Vista Point, Eva Graf und Ernst Camenzind, Dominique Landini, Judy und Guido Gallian, Steve Brown, Stefan Frey, und allen anderen Freunden, ihre Unterstützung ist nicht vergessen.

Mit freundlicher Unterstützung des Ministry of Tourism and Wildlife und der Lufthansa.